"十二五"普通高等教育本科规划教材

精细化工品制备与分析

杨葵华　主　编

吕　瑞　刘树信　副主编

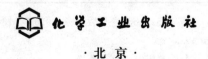

化学工业出版社

·北京·

精细化工产品包括：农药、染料、涂料（包括油漆和油墨）、颜料、试剂和高纯物、信息用化学品（包括感光材料、磁性材料等能接受电磁波的化学品）、食品和饲料添加剂、黏合剂、催化剂和各种助剂、化工系统生产的化学药品（原料药）和日用化学品、高分子聚合物中功能高分子材料（包括功能膜、偏光材料等）。

　　本书以精细化工最常见的领域作为教材内容，全书共分八个部分 48 个实验具体包括了表面活性剂（6）、黏合剂（7）、涂料（5）、日用化学品（11）、精细化工品分析（10）、农副产品和生化制品的开发（7）、废旧的回收利用（2）。在保证基础实验的同时，突出了实用性和先进性，注重提高仪器设备的利用率和降低药品材料的消耗量，在保证实验效果的前提下，力求用通用仪器代替专用仪器。实验内容分布清晰，易于理解，难易程度适宜，结构合理。通过学习，可提高学生的实验操作技能和解决实际问题的能力，并掌握较多的精细化工品制备技术，为将来从事精细化工品的研发、生产管理、营销工作等打下坚实的基础。本书可作为各院校精细化工、化学工艺及相关专业的教材，也可作为相关企业培训的实验教学参考书。

图书在版编目（CIP）数据

精细化工品制备与分析/杨葵华主编 . —北京：化学工业出版社，2015.7

"十二五"普通高等教育本科规划教材

ISBN 978-7-122-23971-6

Ⅰ．①精…　Ⅱ．①杨…　Ⅲ．①精细化工-化工产品-制备-教材②精细化工-化工产品-化学分析-教材　Ⅳ．①TQ072

中国版本图书馆 CIP 数据核字（2015）第 101893 号

责任编辑：杨　菁　　　　　　　　　　　文字编辑：李锦侠
责任校对：宋　玮　　　　　　　　　　　装帧设计：刘剑宁

出版发行：化学工业出版社（北京市东城区青年湖南街 13 号　邮政编码 100011）
印　　装：北京云浩印刷有限责任公司
787mm×1092mm　1/16　印张 10¼　字数 253 千字　2015 年 8 月北京第 1 版第 1 次印刷

购书咨询：010-64518888（传真：010-64519686）　售后服务：010-64518899
网　　址：http://www.cip.com.cn
凡购买本书，如有缺损质量问题，本社销售中心负责调换。

前　言

　　精细化工是与国民经济和人民日常生活密切相关的工业领域，是当今世界各国化学工业发展的战略重点之一。为了适应我国精细化工发展的需要，培养出更多具有较广泛的专业知识结构的人才，许多高校相继开设了精细化工专业。精细化工品的制备与分析实验是精细化工专业方向的必修课。通过本课程的学习了解精细化工产品的特点及在国民经济发展中的战略意义和重要地位，国际国内的现状及发展趋势。学习精细化工产品的生产原理和方法、性能检测及应用方面，对从事精细化工产品的开发和生产、培养工艺工程师解决实际问题的能力具有重要的意义。为从事精细化工品的研发、生产、管理和营销打下良好的基础。

　　精细化工是一门涉及范围广，内容十分丰富，以实验为基础，实际应用为目标的化学学科。是随科学技术的进步而不断完善和发展的新领域。因此，精细化工的任务：是将化学的理论和方法与其它学科部门相结合，着重以解决各种实际需要为目标，所以它是一门实践性和技术性很强的学科。是一门跨学科的化学，是架通化学理论与实际应用的桥梁。是无机、有机、分析、高数等学科的综合应用，所以它没有确定的研究范畴，可以说是包罗万象。正因为如此，从事精细化工的研究和推广工作，不仅需要综合化学学科的知识，而且必须了解各相关学科的内容、方法和应用背景等。

　　本教材是为应用化学专业和化学专业本科生开设的实验课，通过实验，使学生了解并掌握一般精细化工品的制备与合成的基本操作方法，培养实际动手能力，巩固和加深理解所学的理论知识，学会精细化工品的制备与合成实验的设计和实施方案的制定方法，初步学会对制备与合成出的精细化工品的研究方法，为从事精细化工品的制备、合成、分析工作奠定必要的基础。

　　本教材不仅有相对简单的精细产品制备与合成过程的基础实验，而且还有综合实验及产品的分析；不仅仅锻炼学生对制备与合成过程的基础操作和设计能力，而且还引导学生展开独立思考，进一步培养学生的创造与创新能力。

　　同时本教材还立足理论联系实际，以学生最贴近的现实生活为切入点，揭示自然科学的神秘，培养学生的兴趣、提高学生科学的学习态度和实践能力。

　　本书由绵阳师范学院化工学院杨葵华主编，全书共分八个部分，其中前言、绪论、第一部分及附录、表面活性剂由杨葵华编写、粘合剂、涂料由吕瑞编写、日用化学品、精细化工品分析由刘树信编写、农副产品和生化制品的开发、废旧的回收利用由李辉容编写。

　　由于编者水平有限，书中出现的不足与错误之处，恳求读者批评指正。

编　者

2015 年 2 月

目录 CONTENTS

绪　　论

精细化工是当今化学工业中较具活力的新兴领域之一，是新材料的重要组成部分。精细化工产品种类多、附加值高、用途广、产业关联度大，直接服务于国民经济的诸多行业和高新技术产业的各个领域。大力发展精细化工已成为世界各国调整化学工业结构、提升化学工业产业能级和扩大经济效益的战略重点。精细化工率（精细化工产值占化工总产值的比例）的高低已经成为衡量一个国家或地区化学工业发达程度和化工科技水平高低的重要标志。

一、精细化工基本概念

"精细化工"一词，首先由日本提出。日本化学工业从1955年起以石油化工为中心，通过技术引进、设备大型化、技术革新和研究开发等一系列措施，持续了十几年地飞跃发展，从战后的极度荒废状态一跃成为世界第二化工强国，其速度在世界上是首屈一指的。石油化工的发展为国家提供了丰富的基本原料，大力促进了化工业和整个国民经济的发展。

我国和日本把产量小、组成明确、可按规格说明进行小批量生产和小包装销售的化工品、经过复配加工、具有专门功能的产品，统称为精细化工品。精细化工品可起到"工业味精"、"工业催化剂"和其他特殊功能的作用。

我国把生产精细化工品的工业称为精细化学工业，简称精细化工。精细化工生产过程与一般化工（通用化工）生产不同，它是由化学合成（或从天然物质中分离、提取）、精制加工和商品化3个部分组成，大多以灵活性较大的多功能装置和间歇方式进行小批量生产，化学合成多数采用液相反应，工艺流程长，精制过程复杂，需要精密的工程技术；从制剂到商品化需要一个复杂的加工过程，外加的复配物愈多，产品的性能也愈复杂。因此，精细化工技术密集程度高，保密性和商品性强，市场竞争激烈。必须根据市场变化的需要及时更新产品，做到多品种生产，使产品质量可靠，符合各种法规，做好应用和技术服务，才能培育和争取市场、扩大销路，才能体现出投资省和附加价值高的特点。

二、精细化工的分类

精细化工产品的范围十分广泛，由于各国的分类方法不尽相同，精细化学品包括的范围也不完全一致。如何对精细化工产品进行分类，目前国内外也存在着不同的观点。通常精细化工辞典是按照结构分类的。由于同一类结构的产品，功能可以完全不同，应用对象也不同，因而按结构分不便应用。也有按照大类属性分为精细无机化工产品、精细有机化工产品、精细高分子化工产品和精细生物化工产品四类的。这种分类方法又显得粗糙。目前国内外较为统一的分类原则是以产品的功能来进行分类。据日本《精细化学品年鉴》报道，1985年将精细化学品分为35类，1990年扩大为38类。分别是：医药、农药、合成染料、有机颜料、涂料、黏合剂、香料、化妆品、表面活性剂、肥皂、洗涤剂、印刷油墨、有机橡胶助剂、照相感光材料、催化剂、试剂、高分子絮凝剂、石油添加剂、食品添加剂、兽药、饲料添加剂、纸及纸浆用化学品、塑料添加剂、金属表面处理剂、芳香消臭剂、汽车用化学品、杀菌防霉剂、脂肪酸、稀土化学品、精密陶瓷、功能性高分子、生化制品、酶、增塑剂、稳定剂、混凝土外加剂、健康食品、有机电子材料。

目前，中国精细化工产品大体上包括：医药、农药、染料、涂料、颜料、信息技术用化学品（包括感光材料、磁记录材料等）、化学试剂和高纯物质、食品添加剂、饲料添加剂、催化剂、胶黏剂、助剂、表面活性剂、香料等。随着国民经济的发展，精细化工产品的开发和应用领域将不断开拓，新的门类将不断增加。

三、精细化工的特点

精细化学品的品种繁多，有无机化合物、有机化合物、聚合物以及它们的复合物。生产技术上所具有的共同特点如下。①品种多、更新快，需要不断进行产品的技术开发和应用开发，所以研究开发费用很大，如医药的研究经费，常占药品销售额的 8%～10%。这就导致技术垄断性强、销售利润率高。②产品质量稳定，对原产品要求纯度高，复配以后不仅要保证物化指标，而且更注重使用性能，经常需要配备多种检测手段进行各种使用试验。这些试验的周期长，装备复杂，不少试验项目涉及人体安全和环境影响。因此，对精细化工产品管理的法规、标准较多。如药典（见《中华人民共和国药典》、《英国药典》）、农药管理法规等。对于不符合规定的产品，往往国家限令让其改进，以达到规定指标或禁止生产。③精细化工生产过程与一般化工生产不同，它的生产全过程，不仅包括化学合成（或从天然物质中分离、提取），而且还包括剂型加工和商品化，由两个部分组成。其中化学合成过程，多从基本化工原料出发，制成中间体，再制成医药、染料、农药、有机颜料、表面活性剂、香料等各种精细化工产品。剂型加工和商品化过程对于各种产品来说是配方和制成商品的工艺，它们的加工技术均属于大体类似的单元操作。④大多以间歇方式小批量生产。虽然生产流程较长，但规模小，单元设备投资费用低，需要精密的工程技术。⑤产品的商品性强，用户竞争激烈，研究和生产单位要具有全面的应用技术，为用户提供技术服务。

四、世界精细化工的发展特点

近年来世界各国的化学工业产业都将精细化工作为发展战略重点，同时也将它看成是衡量国家综合国力与综合技术水平的标志，当前精细化工具有以下特点。

1. 产品品种多、系列化程度高且更新换代快

据粗略估计，目前世界上约有 8 万种化工产品，其中精细化工产品约 5 万种。随着相关行业对精细化工产品不断提出新的要求，精细化工产品品种将大大增多。

2. 新技术含量高且为高新技术服务

越来越多的精细化工产品为高新技术领域如医用高分子材料（整形材料、医用黏合剂、人工器官等）和电子信息材料（光导材料、有机导体、绝缘体、光敏材料、光纤通信材料等）、生物工程、环保能源等服务，与这些高新技术领域息息相关、互相渗透。其生产过程本身亦需要越来越多的高新技术，如新催化技术（酶催化技术、碳-化学新型催化技术）、新分离技术（分子精馏、超临界萃取等）、聚合物改性（纳米材料改性等）及分子设计技术等。

3. 注重环保型和可降解型精细化工产品的开发

为了适应环境保护和资源保护的要求，各国都非常重视环保型和"可降解"型精细化工产品的开发以及生产过程的绿色化，如表面活性剂向无磷和易生物降解转变，而涂料、胶黏剂等则逐渐向无溶剂型、水性过渡。

4. 企业兼并和专业化分工不断加剧

20 世纪 90 年代以来，随着世界经济一体化进程的加快和国际竞争日益加剧，国际跨国化工公司加快了改组、兼并和联合的步伐，使生产集中度更高、更专业化，这一特征在精细化工领域表现得尤为突出。

5. 全球市场向亚洲特别是中国转移

近年亚洲地区精细化工产品呈持续增长势头，一些跨国公司将投资重点转向发展中国家，亚洲金融危机以来，更将其发展重点转移到中国市场。

五、我国精细化工的特点

20 世纪 80 年代，我国又把那些还未形成产业的精细化工门类称为新领域精细化工，它们包括饲料添加剂、食品添加剂、表面活性剂、水处理化学品、造纸化学品、皮革化学品、油田化学品、胶黏剂、生物化工、电子化学品、纤维素衍生物、聚丙烯酰胺、丙烯酸及其酯、气雾剂等；并把精细化工行业的产值与化工行业总产值的比值称为精细化工率，以此表征我国精细化工发展的程度，这与世界精细化工率的含义相同。目前，世界发达国家精细化工率已达 50％以上，日本的精细化工率最高，现已超过 60％。

从我国目前气雾剂生产情况来看，1996 年 38％为杀虫剂，32％为化妆品。其中 28％为摩丝，另外 4％为发胶、喷香剂、须泡沫等，其余为卡式炉气、打火机气、空气清新剂、喷漆剂等产品以及药用气雾剂。我国要想在气雾剂方面有更大发展，防止恶性竞争，只有扩大品种范围才行。

世界精细化学工业最发达的美国、德国和日本，其产品产量分别居于世界第一、第二、第三位。

中国精细化工基础弱，但近年产量增长很快。精细化工率不仅反映了一个国家或企业的化工发展水平，同时，精细化学品技术密集度高，也反映了一个国家或企业的综合技术水平。我国已把精细化工列为发展重点，1990 年我国的精细化率为 25％，1995 年提高到 32％，到 2000 年为 45％，2010 年达到 60％。

总之，我国一直在积极促进精细化工产品向新领域的规模化和产业化方向发展。通过设立专项并通过专项实施，在电子化学品、食品添加剂、饲料添加剂、皮革化学品、油田化学品、造纸化学品、胶黏剂、水处理化学品、生物化工等方面形成一批新领域精细化工产业，使农药、染料、颜料、涂料、橡塑助剂、催化剂等传统精细化工生产水平适应市场的需要。

第一部分　精细化工实验基本知识和实验技术

1-1　实验的程序与要求

① 实验前，充分预习实验教材是保证做好实验的一个重要环节。预习时明确实验目的、内容，熟悉实验原理和实验步骤、操作方法及注意事项等，并初步估计每一反应的预期结果，根据不同的实验及指导教师的要求做好预习报告。对于实验内容后面的思考题，预习时应认真思考。

② 实验操作开始前，首先检查仪器种类与数量是否与需要相符，仪器是否有缺口、裂缝或破损等，再检查仪器是否干净（或干燥），确定仪器完好、干净后再使用，仪器装置安装完毕，要请教师检查合格后，才能开始实验。

③ 实验操作中，要仔细观察现象，积极思考问题，严格遵守操作规程，实事求是地做好实验记录，要严格遵守安全守则与每个实验的安全注意事项，一旦发生意外事故，应立即报告教师，采取有效措施，迅速排除事故。

④ 实验室内应保持安静，不得谈笑、打闹和擅自离开岗位，不得将书报、体育用品等与实验无关的物品带入实验室，严禁在实验室吸烟、饮食。

⑤ 服从指导，有事要先请假，不经教师同意，不得离开实验室。

⑥ 要始终做到台面、地面、水槽、仪器的"四净"，火柴梗、滤纸等废物应放入废物缸中，不得丢入水槽或扔在地上。废酸、酸性反应残液应倒入室外的废酸缸中，严禁倒入水槽。实验完毕，应及时将仪器洗净，并放回指定位置。

⑦ 要爱护公物，节约药品，养成良好的实验习惯。要节约使用水、电、煤气及消耗性药品。要严格按照规定称量或量取药品，使用药品不得乱拿乱放，药品用完后，应盖好瓶盖放回原处。公用设备和材料使用后，应及时放回原处，对于特殊设备，应在指导教师示范后再使用。

⑧ 学生轮流值日，打扫、整理实验室。值日生应负责打扫卫生，整理公共器材，倒净废物缸并检查水、电、煤气、窗是否关闭。

⑨ 实验完毕，应当堂（或在指定时间内）及时整理实验记录，写出完整的实验报告，按时交教师审阅。

⑩ 师生均需穿工作服。

1-2　实验室安全与环保守则

1. 安全守则

化学药品中有很多是易燃、易爆、有腐蚀或有毒的。所以在做化学实验时，首先必须在思想上十分重视安全问题，绝不能麻痹大意。其次，在实验前应充分了解安全注意事项。

① 进入实验室应穿实验服或工作服，严禁赤脚或穿漏空的鞋子（如凉鞋或拖鞋）进入实验室。在进行有毒、有刺激性、有腐蚀性的实验时，必须戴上防护眼镜、口罩、耐酸手套或面罩。

② 绝对禁止在实验室内吸烟，严禁把明火带入实验室。

③ 进入实验室首先要熟悉实验室的水阀门、电源总开关、灭火器、沙箱或其他消防器材的位置。

④ 当有化学药品溅入眼睛时，立即用自来水冲洗；当被酸、碱或化学药品灼伤后，立即用大量的冷水冲洗受伤部位（如是浓 H_2SO_4，最好先用干布轻轻擦去）；如果是强酸灼伤，那么先用大量冷水冲洗，再用 5% 碳酸氢钠溶液淋洗灼伤处；若是强碱灼伤，则先用大量冷水冲洗，然后用 5% 的醋酸溶液洗涤，并及时去医院治疗。

⑤ 如果被烫伤，但并不严重，那么立即用冷水或冰水浸皮肤，减小对皮肤表皮的危害。不要在烧伤处涂药膏或油类。对于烧、烫伤严重者，立即就医。

⑥ 开启装有腐蚀性物质（如硫酸、硝酸等）的瓶塞时，不能面对瓶口，以免液体溅出或腐蚀性烟雾造成伤害，也不能用力过猛或敲打，以免瓶子破裂；在搬运盛有浓酸的容器时，严禁用一只手握住细瓶颈搬动，防止瓶底裂开脱落；在取、用有毒和易挥发药品时（如硝酸、盐酸、二氯甲烷、苯等），应在有良好通风状况的通风橱内进行，以免中毒。有中毒症状者，应立即到室外通风处。

⑦ 取、用易燃易爆物品时（如汽油、乙醚、丙酮等），周围绝不能有明火，并应在通风橱内进行，避免易燃物蒸气浓度增大时，发生爆炸、燃烧事故。

⑧ 使用电器时，应防止人体与电器导电部分直接接触，不能用湿的手或手握湿物接触电插头。为了防止触电，装置和设备的金属外壳等都应接地线。实验后应切断电源，拔下插头。

⑨ 实验中所用药品不得随意散失、遗弃，以免污染环境，影响身体健康。实验结束后要细心洗手，严禁在实验室内饮食等。

⑩ 了解灭火器种类、用途及位置，学会正确使用。一旦发生火灾，不要惊慌失措，应立即采取相应措施。首先要立即熄灭附近所有的火源，切断电源，并移开附近的易燃物。少量溶剂（几毫升）着火，可任其烧完。反应容器内着火，小火时可用湿布或黄沙盖住瓶口灭火，火大时根据具体情况选用适当的灭火器材。

2. 环保守则

① 爱护环境、保护环境、节约资源、减少废物产生，努力创造良好的实验环境，并不对实验室外的环境造成污染。

② 实验室所有药品、中间产品、集中收集的废物等，必须贴上标签，注明名称，防止误用和因情况不明而处理不当造成环境事故。

③ 废液必须集中处理，应根据废液种类及性质的不同分别收集在废液桶内，并贴上标签，以便处理。严格控制向下水道排放各类污染物，向下水道排放废水必须符合排放标准，严禁把易燃、易爆和容易产生有毒气体的物质倒入下水道。

④ 严格控制废气的排放，必要时要对废气吸收处理。处理有毒性、挥发性或带刺激性的物质时，必须在通风橱内进行，防止散逸到室内，但排到室外的气体必须符合排放标准。

⑤ 严禁乱扔固体废弃物，要将其分类收集，分别处理。

⑥ 接触过有毒物质的器皿、滤纸、容器等要分类收集后集中处理。

1-3　实验室事故处理办法

精细化工实验课是一门重要的基础课，要求学生的独立操作能力及动手能力很强。要做好合成实验，必须要全面熟练地掌握相关理论知识及实验基本操作技能。

精细化工实验具有一定的不可预测性，灵活地面对、适当地处理实验过程中出现的各种状况是非常重要的。要做到这点同样需要过硬的理论基础及熟练的操作技能。

同样的实验，同样的药品、仪器，不同的人来操作往往得到不同的结果。

1. 眼睛的急救

一旦化学试剂溅入眼内，立即用缓慢的流水彻底冲洗。洗涤后把患者送往医院治疗。玻璃屑进入眼睛，绝不要用手揉擦，尽量不要转动眼球，可任其流泪。也不要试图让别人取出碎屑，用纱布轻轻包住眼睛后，把伤者送往医院处理。

2. 烧伤的急救

化学烧伤：必须用大量的水充分冲洗患处。如系有机化合物灼伤，则用乙醇擦去有机物是特别有效的。溴的灼伤要用乙醇擦拭直至患处不再有黄色为止，然后再涂上甘油以保持皮肤滋润。

酸灼伤：先用大量水冲洗，以免深部受伤，再用稀 $NaHCO_3$ 溶液或稀氨水浸洗，最后用水洗。

碱灼伤：先用大量水冲洗，再用1％硼酸或2％醋酸溶液浸洗，最后用水洗。

明火烧伤：要立即离开着火处，迅速用冷水冷却。轻度的火烧伤，用冰水冲洗是一种极有效的急救方法。如果皮肤并未破裂，那么可再涂擦治疗烧伤用的药物，使患处及早恢复。当大面积的皮肤表面受到伤害时，可以用湿毛巾冷却，然后用洁净纱布覆盖伤处防止感染。然后立即送往医院请医生处理。

不能用烧杯或敞口容器盛装易燃物。加热时，应根据实验要求及易燃烧物的特点选择热源，注意远离明火。严禁用明火进行易燃液体（如乙醚）的蒸馏或回流操作。

尽量防止或减少易燃的气体外逸，倾倒时要熄灭火源，且注意室内通风，及时排出室内的有机物蒸气。

严禁将与水有猛烈反应的物质倒入水槽中，如金属钠，切忌养成一切东西都往水槽里倒的习惯。

注意一些能在空气中自燃的试剂的使用与保存，（如煤油中的钾、钠和水中的白磷）。如果着火，那么要及时灭火，万一衣服着火，切勿奔跑，要有目的地走向最近的灭火毯或灭火喷淋器。用灭火毯把身体包住，火会很快熄灭。

3. 割伤的急救

按规则操作，不强行扳、折玻璃仪器，特别是比较紧的磨口处。尽量保证玻璃仪器的完整。注意玻璃仪器的边缘是否碎裂，小心使用。玻璃管（棒）切割后，断面应在火上烧熔以消除棱角。

不正确地处理玻璃管、玻璃棒则可能引起割伤。若小规模割伤，则先将伤口处的碎玻璃片取出，用蒸馏水洗净伤口，挤出一点血后，再消毒、包扎；也可在洗净的伤口处贴上"创可贴"，立即止血且易愈合。

若严重割伤，出血多时，则必须立即用手指压住或把相应动脉扎住，使血尽快止住，包上压定布，而不能用脱脂棉。若绷带被血浸透，不要换掉，再盖上一块施压，立即送往医院治疗。若伤口较大或割破了主血管，则应用力按住主血管，防止大出血，及时送往医院治疗。

4. 烫伤的急救

被火焰、蒸汽、红热的玻璃或铁器等烫伤，应立即将伤处用大量的水冲淋或浸泡，以迅速降温避免深部烧伤。若起水泡，不宜挑破。对轻微烫伤，可在伤处涂烫伤油膏或万花油。严重烫伤宜送医院治疗。

皮肤接触了高温，如热的物体、火焰、蒸气；低温，如固体二氧化碳、液氮；腐蚀性物质，如强酸、强碱、溴等都会造成灼伤。因此，实验时，要避免皮肤与上述能引起灼伤的物质接触。取用有腐蚀性的化学药品时，应戴上橡皮手套和防护眼镜。根据不同的灼伤情况需采取不同的处理方法。

除金属钠外的任何药品溅入眼内，都要立即用大量水冲洗。冲洗后，如果眼睛未恢复正常，应马上送医院就医。

5. 中毒的急救

当发生急性中毒时，紧急处理十分重要。若在实验中感到咽喉灼痛、嘴唇脱色或发绀、胃部痉挛或恶心呕吐、心悸、头晕等症状，则可能是中毒所致。

因口服引起中毒时，可饮温热的食盐水（1 杯水中放 3～4 小勺食盐），把手指放在嘴中触及咽后部，引发呕吐。当中毒者失去知觉或因溶剂、酸、碱及重金属盐溶液引起中毒时，不要使其呕吐；误食碱者，先饮大量水再喝些牛奶；误食酸者，先喝水，再服 $Mg(OH)_2$ 乳剂，再饮些牛奶，不要用催吐剂，也不要服用碳酸盐或碳酸氢盐。重金属盐中毒者，喝一杯含有几克 $MgSO_4$ 的水溶液，立即就医，也不得用催吐剂。

因吸入引起中毒时，要把病人立即抬到空气新鲜的地方，让其安静地躺着休息。

化学药品大多具有不同程度的毒性，产生中毒的主要原因是皮肤或呼吸道接触有毒药品所引起的。在实验中，要防止中毒，切实做到以下几点。

药品不要沾在皮肤上，尤其是极毒的药品。实验完毕后应立即洗手。称量任何药品都应使用工具，不得用手直接接触。

使用和处理有毒或腐蚀性物质时，应在通风柜中进行，并戴上防护用品，尽可能避免有机物蒸气扩散到实验室内。

对沾染过有毒物质的仪器和用具，实验完毕后应立即采取适当方法处理以破坏或消除其毒性。

不要在实验室内进食、饮水，食物在实验室易沾染有毒的化学物质。

一般药品溅到手上，通常是用水和乙醇洗去。实验时若有中毒症状，应到空气新鲜的地方休息，最好平卧，出现其他较严重的症状，如斑点、头昏、呕吐、瞳孔放大时应及时送往医院。

1-4　实验室常用玻璃仪器

精细合成实验所需常用玻璃仪器见下图。

二颈瓶　　　　三颈瓶　　　　圆底烧瓶　　　　长颈烧瓶

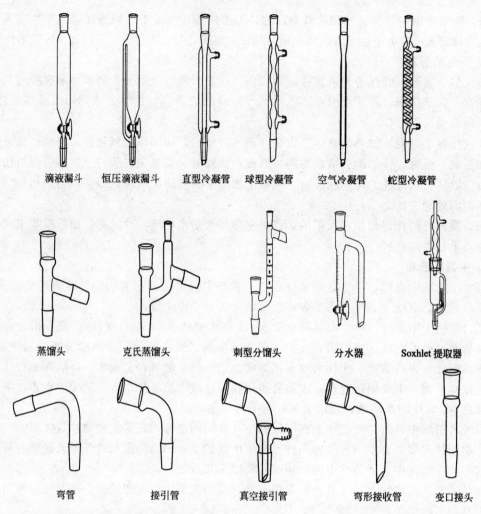

| 滴液漏斗 | 恒压滴液漏斗 | 直型冷凝管 | 球型冷凝管 | 空气冷凝管 | 蛇型冷凝管 |

| 蒸馏头 | 克氏蒸馏头 | 刺型分馏头 | 分水器 | Soxhlet 提取器 |

| 弯管 | 接引管 | 真空接引管 | 弯形接收管 | 变口接头 |

1-5　常用玻璃仪器的洗涤和保养

　　进行精细化工实验时，为了避免杂质混入反应物中，必须使用清洁的玻璃仪器。简单而常用的洗涤方法是用试管刷，并借助于各种洗涤粉和去垢剂。虽然去污粉中细的研磨料微小粒子对洗涤过程有帮助，但有时这种微小粒子会黏附在玻璃器皿壁上，不易被水冲走，此时可用 2% 的盐酸洗涤一次，再用自来水清洗。

　　有时器皿壁上的杂物需用有机溶剂洗涤，因为残渣很可能溶于某种有机溶剂。用过溶剂后的玻璃仪器有时需用洗涤剂溶液和水洗涤以除去残留的试剂。尤其是用过诸如四氯化碳或氯仿之类的含氯有机溶剂后，特别需要再用水冲洗玻璃仪器。当用有机溶剂洗涤时要尽量用少量溶剂，丙酮是洗涤玻璃仪器时常用的溶剂，但价格较贵。有时可用废的有机溶剂如废丙酮（可循环使用）或含水丙酮。切勿以试剂级丙酮作清洗之用。

一、玻璃仪器的洗涤和保养

　　精细化工实验中最常用的就是玻璃仪器，必须要干净，洗涤仪器的方法很多，应根据实验的要求、污物的性质和污染的程度来决定。

　　精细化工实验的各种玻璃仪器的性能是不同的。必须掌握它们的性能、保养和洗涤方法，才能正确使用，提高实验效果，避免不必要的损失。下面介绍几种常用的玻璃仪器的保养和洗涤方法。

1. 温度计

温度计水银球部位的玻璃很薄，容易打破，使用时要特别留心，一不能用温度计当搅拌棒使用；二不能测定超过温度计最高刻度的温度；三不能把温度计长时间放在高温的溶剂中。否则，会使水银球变形，乃至读数不准。

温度计用后要让它慢慢冷却，特别在测量高温之后，切不可立即用水冲洗。否则，会破裂，或水银柱破裂，应悬挂在铁座架上，待冷却后把它洗净抹干，放回温度计盒内，盒底要垫上一小块棉花。如果是纸盒，放回温度计时要检查盒底是否完好。

2. 冷凝管

冷凝管通水后很重，所以装置冷凝管时应将夹子夹紧在冷凝管的重心的地方，以免翻倒。如内外管都是玻璃质的则不适合高温蒸馏用。

洗刷冷凝管时要用长毛刷，如用洗涤液或有机溶液洗涤，应用软木塞塞住一端。不用时，应直立放置，使之易干。

3. 蒸馏烧瓶

蒸馏烧瓶的支管容易被碰断，故无论在使用时或放置时要特别注意蒸馏瓶的支管，支管的熔接处不能直接加热。

4. 分液漏斗

分液漏斗的活塞和盖子都是磨砂口的，若非原配的，就可能不严密。所以，使用时要注意保护它，各个分液漏斗之间也不要互相调换，用后一定要在活塞和盖子的磨砂口间垫上纸片，以免日后难以打开。

二、玻璃仪器的干燥

精细化工实验经常使用干燥的玻璃仪器，故要养成在每次实验后马上把玻璃仪器洗净和倒置使之干燥的习惯。干燥玻璃仪器的方法有下列几种。

1. 自然风干

自然风干是指把已洗净的仪器（洗净的标志是：玻璃仪器的器壁上，不应附着有不溶物或油污，装着水把它倒转过来，水顺着器壁流下，器壁上只留下一层既薄又均匀的水膜，不挂水珠）放在干燥架上自然风干，这是常用和简单的方法。但必须注意，如玻璃仪器洗得不够干净，水珠不易流下，干燥较为缓慢。

2. 烘干

把玻璃仪器放入烘箱内烘干。仪器口向上，带有磨砂口玻璃塞的仪器，必须取出活塞拿开才可烘干，烘箱内的温度保持在 $100 \sim 105 \, ^\circ\!C$，片刻即可。当把已烘干的玻璃仪器拿出来时，最好先在烘箱内降至室温后才取出。切不可让很热的玻璃仪器沾上水，以免破裂。

3. 吹干

用压缩空气或用吹风机把仪器吹干。

1-6　精细化工实验技术

一、加热与热源

实验室常用的热源有煤气、酒精和电能。

为了加速有机反应，往往需要加热，从加热方式来看有直接加热和间接加热。在有机实验室里一般不用直接加热，例如用电热板加热圆底烧瓶，会因受热不均匀，导致局部过热，甚至导致破裂，所以，在实验室安全规则中规定禁止用明火直接加热易燃的溶剂。

为了保证加热均匀，一般使用热浴间接加热，作为传热的介质有空气、水、有机液体、熔融的盐和金属。根据加热温度、升温速度等的需要，常采用下列手段。

1. 空气浴

这是利用热空气间接加热，对于沸点在80℃以上的液体均可采用。

把容器放在石棉网上加热，这就是最简单的空气浴。但是，受热仍不均匀，故不能用于回流低沸点易燃的液体或者减压蒸馏。

半球形的电热套是属于比较好的空气浴，因为电热套中的电热丝是玻璃纤维包裹着的，较安全，一般可加热至400℃，由于它不是明火，因此加热和蒸馏易燃有机物时，具有不易着火的优点，热效率也高。电热套主要用于回流加热。蒸馏或减压蒸馏以不用为宜，因为在蒸馏过程中随着容器内物质逐渐减少，会使容器壁过热。电热套有各种规格，取用时要与容器的大小相适应。为了便于控制温度，要连调压变压器。

2. 水浴

当加热的温度不超过100℃时，最好使用水浴加热，水浴为较常用的热浴。但是，必须强调指出，当用于钾和钠的操作时，绝不能在水浴上进行。使用水浴时，勿使容器触及水浴器壁或其底部。如果加热温度稍高于100℃，则可选用适当无机盐类的饱和水溶液作为热溶液。

例如：

盐类	饱和水溶液的沸点/℃
NaCl	109
$MgSO_4$	108
KNO_3	116
$CaCl_2$	180

由于水浴中的水不断蒸发，适当时添加热水，使水浴中水面经常保持稍高于容器内的液面。

总之，使用液体热浴时，热浴的液面应略高于容器中的液面。

3. 油浴

适用100~250℃的油浴，优点是使反应物受热均匀，反应物的温度一般低于油浴液20℃左右。

常用的油浴液有以下几种。

① 甘油：可以加热到140~150℃，温度过高则会分解。

② 植物油：如菜油、蓖麻油和花生油等，可以加热到220℃，常加入1‰对苯二酚等抗氧化剂，便于久用，温度过高则会分解，达到熔点时可能燃烧起来，所以，使用时要小心。

③ 石蜡：能加热到200℃左右，冷到室温时凝成固体，保存方便。

④ 石蜡油：可以加热到200℃左右，温度稍高并不分解，但较易燃烧。

用油浴加热时，要特别小心，防止着火，当油受热冒烟时，应立即停止加热。

油浴中应挂一支温度计，可以观察油浴的温度和有无过热现象，便于调节火焰控制温度。

油量不能过多，否则受热后有溢出而引起火灾的危险。使用油浴时要极力防止产生可能引起油浴燃烧的因素。

加热完毕取出反应容器时，仍用铁夹夹住反应容器使其离开液面悬置片刻，待容器壁上附着的油滴完后，用纸和干布擦干。

4. 酸液

常用酸液为浓硫酸，可加热至 $250 \sim 270℃$，当加热至 $300℃$ 左右时则分解，生成白烟，若酌加硫酸钾，则加热温度可升到 $350℃$ 左右。

例如：

浓硫酸（相对密度1.84）	70%（质量分数）	60%（质量分数）
硫酸钾	30%	40%
加热温度	约325℃	约365℃

上述混合物冷却时，即成半固体或固体，因此，温度计应在液体未完全冷却前取出。

5. 砂浴

砂浴一般是用铁盆装干燥的细海砂（或河沙），把反应容器半埋砂中加热。加热沸点在 $80℃$ 以上的液体时可以采用，特别适用于加热温度在 $220℃$ 以上者，但砂浴的缺点是传热慢，温度上升慢，且不易控制，因此，砂层要薄一些。砂浴中应插入温度计。温度计水银球要靠近反应器。

6. 金属浴

选用适当的低熔合金，可加热至 $350℃$ 左右，一般都不超过 $350℃$。否则，合金将会迅速氧化。

二、冷却与冷却剂

在精细化工实验中，有时须采用一定的冷却剂进行冷却操作，在一定的低温条件下进行反应，分离提纯等。例如：

① 某些反应要在特定的低温条件下进行，才利于产品的生成；

② 沸点很低的有机物，冷却时可减少损失；

③ 要加速结晶的析出；

④ 高度真空蒸馏装置（一般有机实验很少运用）。

根据不同的要求，选用适当的冷却剂冷却，最简单的是用水和碎冰的混合物，可冷却至 $0 \sim 5℃$，它比单纯用冰块有更大的冷却效能。因为冰水混合物与容器的器壁能充分接触。

若在碎冰中酌加适量的盐类，则得冰盐混合冷却剂的温度可在 $0℃$ 以下，例如：普通常用的食盐与碎冰的混合物（33:100），其温度可由始温 $-1℃$ 降至 $-21.3℃$。但在实际操作中温度为 $-18 \sim -5℃$。冰盐浴不宜用大块的冰，而且要按上述比例将食盐均匀撒布在碎冰上，这样冰冷效果才好。

除上述冰浴或水盐浴外，若无冰时，则可用某些盐类溶于水吸热作为冷却剂使用，详见

表 1-1 和表 1-2。

表 1-1　用两种盐及水（冰）组成的冷却剂

盐类及其用量/g				温度/℃	
				始温	冷冻
对 100g 水					
NH$_4$Cl	31	KNO$_3$	20	+20	−7.2
NH$_4$Cl	24	NaNO$_3$	53	+20	−5.8
NH$_4$NO$_3$	79	NaNO$_3$	61	+20	−14
对 100g 冰					
NH$_4$Cl	26	KNO$_3$	13.5		−17.9
NH$_4$Cl	20	NaCl	40		−30.0
NH$_4$Cl	13	NaNO$_3$	37.5		−30.1
NH$_4$NO$_3$	42	NaCl	42		−40.0

表 1-2　用一种盐及水（冰）组成的冷却剂

盐　类	用量/g	温度/℃	
		始　温	冷　冻
（每 100g 水）			
KCl	30	+13.6	+0.6
CH$_3$COONa·3H$_2$O	95	+10.7	−4.7
NH$_4$Cl	30	+13.3	−5.1
NaNO$_3$	75	+13.2	−5.3
NH$_4$NO$_3$	60	+13.6	−13.6
CaCl$_2$·6H$_2$O	167	+10.0	−15.0
（每 100g 冰）			
NH$_4$Cl	25	−1	−15.4
KCl	30	−1	−11.1
NH$_4$NO$_3$	45	−1	−16.7
NaNO$_3$	50	−1	−17.7
NaCl	33	−1	−21.3
CaCl$_2$·6H$_2$O	204	0	−19.7

三、干燥与干燥剂

有机物干燥的方法大致有物理方法（不加干燥剂）和化学方法（加入干燥剂）两种。物理方法如吸收、分馏等，近年来应用分子筛来脱水，在实验室中常用化学干燥法，其特点是在有机液体中加入干燥剂，干燥剂与水起化学反应（例如 $Na+H_2O \longrightarrow NaOH+H_2\uparrow$）或同水结合生成水化物，从而除去有机液体所含的水分，达到干燥的目的。用这种方法干燥时，有机液体中所含的水分不能太多（一般在百分之几以下）。否则，必须使用大量的干燥剂，同时有机液体因被干燥剂带走而造成的损失也较大。

1. 液体的干燥

常用干燥剂的种类很多，选用时必须注意下列几点：

① 干燥剂与有机物应不发生任何化学反应，对有机物亦无催化作用；

② 干燥剂应不溶于有机液体中；

③ 干燥剂应干燥速度快，吸水量大，价格便宜。

常用干燥剂有下列几种。

（1）无水氯化钙

价廉、吸水能力大，是较常用的干燥剂之一，与水化合可生成一水化合物、二水化合物、四水化合物或六水化合物（在30℃以下）。它只适用于烃类、卤代烃、醚类等有机物的干燥，不适用于醇、胺和某些醛、酮、酯等有机物的干燥，因为能与它们形成络合物。也不宜用作酸（或酸性液体）的干燥剂。

（2）无水硫酸镁

它是中性盐，不与有机物和酸性物质起作用。可作为各类有机物的干燥剂，它与水生成 $MgSO_4 \cdot 7H_2O$（48℃以下）。价较廉，吸水量大，故可用于不能用无水氯化钙干燥的许多化合物。

（3）无水硫酸钠

它的用途和无水硫酸镁相似，价廉，但吸水能力和吸水速度都差一些。与水结合生成 $Na_2SO_4 \cdot 10H_2O$（37℃以下）。当有机物水分较多时，常先用本品处理后再用其他干燥剂处理。

（4）无水碳酸钾

吸水能力一般，与水生成 $K_2CO_3 \cdot 2H_2O$，作用慢，可用于干燥醇、酯、酮、腈类等中性有机物和生物碱等一般的有机碱性物质。但不适用于干燥酸、酚或其他酸性物质。

（5）金属钠、醚、烷烃等有机物

用无水氯化钙或硫酸镁等处理后，若仍含有微量的水分，可加入金属钠（切成薄片或压成丝）除去。不宜用作醇、酯、酸、卤代烃、醛、酮及某些胺等能与碱起反应或易被还原的有机物的干燥剂。

现将各类有机物的常用干燥剂列于表1-3中。

表1-3 各类有机物的常用干燥剂

液态有机化合物	适用的干燥剂
醚类、烷烃、芳烃	$CaCl_2$、Na、P_2O_5
醇类	K_2CO_3、$MgSO_4$、Na_2SO_4、CaO
醛类	$MgSO_4$、Na_2SO_4
酮类	$MgSO_4$、Na_2SO_4、K_2CO_3
酸类	$MgSO_4$、Na_2SO_4
酯类	$MgSO_4$、Na_2SO_4、K_2CO_3
卤代烃	$CaCl_2$、$MgSO_4$、Na_2SO_4、P_2O_5
有机碱类（胺类）	$NaOH$、KOH

液态有机化合物的干燥操作一般在干燥的三角烧瓶内进行。把按照条件选定的干燥剂投入液体里，塞紧（用金属钠作干燥剂时则例外，此时塞中应插入一个无水氯化钙管，使氢气放空而水汽不致进入），振荡片刻，静置，使所有的水分全被吸去。如果水分太多或干燥剂用量太少，致使部分干燥剂溶解于水时，可将干燥剂滤出，用吸管吸出水层，再加入新的干燥剂，放置一定时间，将液体与干燥剂分离，进行蒸馏精制。

2. 固体的干燥

从重结晶得到的固体常带水分或有机溶剂，应根据化合物的性质选择适当的方法进行干燥。

（1）自然晾干

这是最简便、最经济的干燥方法。把要干燥的化合物先在滤纸上面压平，然后在一张滤纸上面薄薄地摊开，用另一张滤纸覆盖起来，在空气中慢慢地晾干。

（2）加热干燥

对于热稳定的固体可以放在烘箱内烘干，加热的温度切忌超过该固体的熔点，以免固体变色和分解，如属需要可在真空恒温干燥箱中干燥。

（3）红外线干燥

特点是穿透性强，干燥快。

（4）干燥器干燥

对易吸湿或在较高温度下干燥时会分解或变色的物质可用干燥器干燥，干燥器有普通干燥器和真空干燥器两种。

四、回流、分水

1. 回流

许多有机化学反应都是在液相中或固-液混合物中经过长时间加热才得以完成的。为了防止在长时间加热过程中物料的蒸发损失以及因物料的蒸发而导致火灾、爆炸、环境污染等事故的发生，多应用回流技术。一般的回流装置是在烧瓶上加上冷凝管。当烧瓶中液体加热时，瓶中易挥发溶剂受热蒸发，热蒸气上升到冷凝管中，由于冷凝管的夹套中有冷凝水随时在流动，使得上升的蒸气很易在管壁上冷凝成液体而流回到烧瓶中使之形成回流（见图1-1和图1-2）。为了防止空气中的湿气侵入反应器或吸收反应中放出的有毒气体，可在冷凝管上口连接氯化钙干燥管［见图1-1(b)和图1-2(b)］或气体吸收装置［见图1-1(c)和图1-2(c)］。安装仪器的顺序一般是自下而上，从左到右，全套仪器装置的轴线要在同一平面内，稳妥、端正。安装步骤是先从热源开始，在铁架台上放好煤气灯，再根据煤气灯火焰的高度依次安装铁圈、石棉网（或水浴、油浴等），然后安装烧瓶、冷凝管。烧瓶用烧瓶夹垂直夹好，注意瓶底应距石棉网1～2mm，不要触及石棉网；用水浴或油浴时，瓶底应距水浴（或油浴）锅底1～2cm。安装冷凝管时，用合适的橡皮管连接冷凝管，调整冷凝管夹的位置，使其与烧瓶的瓶口同轴，然后将球形冷凝管下端正对烧瓶口用冷凝管夹垂直固定于烧瓶上方，放松冷凝管夹，将冷凝管放下，使磨口连接紧密后，再将冷凝管夹旋紧，使夹子位于冷

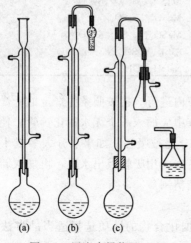

图1-1　回流冷凝装置（一）

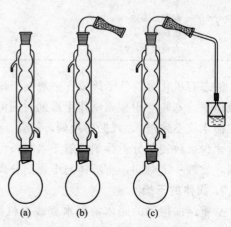

图1-2　回流冷凝装置（二）

凝管中部偏上一些（即其黄金分割处）。铁夹不应夹得太紧或太松，以夹住后稍用力尚能转动为宜，将冷凝管下口接上水龙头，上方为出水口，调节合适的出水量（完好的铁夹内通常垫以橡皮等软性物质，以免夹破仪器）。最后按要求装上干燥管或气体吸收装置（注意：夹铁夹的十字头的螺口要向上）。有些反应进行剧烈，放热很多，或反应速率太快，如将反应物质一次加入，会使反应失控，而导致失败。在这种情况下，可采用带滴液漏斗的回流冷凝装置（见图1-3 和图1-4）。将一种试剂逐渐滴加进去。也可根据需要，在烧瓶外用冷水浴或冰水浴冷却。为了使冷凝管的套管内充满冷却水，应从下面的入口通入冷却水。水流速度能保持蒸气充分冷凝即可。进行回流操作时也要控制加热，蒸气上升的高度一般以不超过冷凝管的1/3 为宜。

图1-3　回流冷凝装置（三）

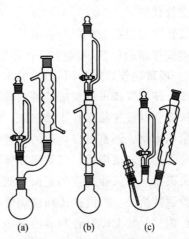

图1-4　回流冷凝装置（四）

2. 分水

在进行某些可逆平衡性质的反应时，为了使正向反应进行到底，可将反应产物之一不断地从反应混合物体系中除去。在图1-5 的装置中，有一个分水器，流下来的蒸气冷凝液进入分水器，分层后，有机层自动被送回烧瓶，而生成的水可从分水器中放出去。这样即可使某些生成水的可逆反应进行到底。

五、搅拌和振荡

在固体和液体或互不相容的液体进行反应时，为了使反应混合物能充分接触，反应体系的热量容易散发和传导，应该进行强烈搅拌或振荡。此外，在反应过程中，当把一种反应物料滴加或分小批量地加入到另一种物料中时，也应该使两者尽快地均匀接触，这也需要进行强烈地搅拌或振荡，否则，由于浓度局部增大或温度局部增高，可能发生更多的副反应。

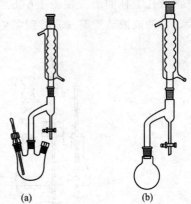

图1-5　回流冷凝装置（五）

1. 人工搅拌和振荡

在反应物量小、反应时间短、不需加热或温度不太高，且体系中放出的气体是无毒的反应时，用手摇动容器就可达到充分混合的目的。也可用两端烧光滑的玻璃棒沿着器壁均匀地搅动，但必须避免玻璃棒碰撞器壁。若在搅拌的同时还需控制反应温度，则可用橡皮圈把玻璃棒和温度计套在一起。为了避免温度计水银球触及反应器的底部而损坏，玻璃棒的下端宜稍伸出一些。

在反应过程中，回流冷凝装置往往需作间歇的振荡。振荡时，把固定烧瓶和冷凝管的铁夹暂时松开，一手靠在铁夹上并扶住冷凝管，另一手拿住瓶颈作圆周运动，每次振荡后，应把仪器重新夹好。也可以用振荡整个铁台的方法，使容器内的反应物充分混合。

2. 机械搅拌

在那些需要用较长的时间进行搅拌的实验中，最好用电动搅拌器。在反应过程中，若在搅拌的同时还需要进行回流，则最好用三口烧瓶，中间瓶口装配搅拌棒，一个侧口安装回流冷凝管，另一个侧口安装温度计或滴液漏斗；若无三口烧瓶，也可在广口圆底烧瓶上安装一个二通连接管代替。

搅拌装置主要包括三个部分：电动机、搅拌棒和搅拌密封装置。在装配时首先选定三口烧瓶和电动搅拌器的位置，选择一个适合中间瓶口的软木塞，钻一孔（孔必须钻得光滑笔直），插入一段玻璃管（或封闭管）；软木塞和玻璃管间一定要紧密。玻璃管的内径应比搅拌棒稍大一些，使搅拌棒可以在玻璃管内自由地转动。在玻璃管内插入搅拌棒，把搅拌棒和搅拌器用短橡皮管（或连接器）连接起来，然后把配有搅拌棒的软木塞塞入三口烧瓶的中间瓶口内，塞紧软木塞。调整三口烧瓶的位置（最好不要调整搅拌器的位置，若必须调整搅拌器的位置，应先拆除三口烧瓶，以免搅拌棒戳破瓶底）。使搅拌棒的下端距瓶底约 5mm，中间瓶颈用铁夹夹紧，从仪器装置的正面和侧面仔细检查，进行调整，使整套仪器正直。开动搅拌器，试验运转情况。当搅拌棒和玻璃管间不发生摩擦时，才能认为仪器装配合格，否则，需要再进行调整。装上冷凝管和滴液漏斗（或温度计），用铁夹夹紧。上述仪器要安装在同一个铁台上。再次开动搅拌器，必须运转情况正常，才能装入物料进行实验。

为了防止蒸气或反应中产生的有毒气体从玻璃管和搅拌棒间的间隙逸出，需要封口；在图 1-6(a) 和图 1-6(c) 中，搅拌装置用一段厚壁软橡皮管封口。橡皮管的下端紧密地套在玻璃管的外面，上端松松地裹住搅拌棒（裹住的长度约为 10mm）；橡皮管和搅拌棒间用少许甘油或凡士林润滑。在图 1-6(b) 中，搅拌装置用封闭管封口。封闭管里面装的是液体石蜡、甘油或浓硫酸等（非特别需要，不用水银）。搅拌的速度可根据实验需要来调节。

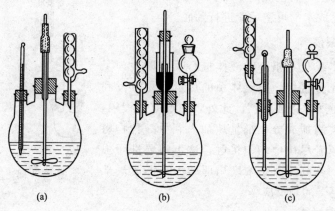

(a)   (b)   (c)

图 1-6   机械搅拌装置

六、蒸馏

所谓蒸馏，就是将液态物质加热到沸腾变为蒸气，又将蒸气冷凝为液体这两个过程的联合操作。蒸馏是分离和提纯液态有机化合物较常用的重要方法之一。应用这一方法，不仅可以把挥发性物质与不挥发性物质分离，还可以把沸点不同的物质以及有色的杂质分离。

在通常情况下，纯粹的液态物质在大气压力下有一定的沸点。如果在蒸馏过程中，沸点发生变动，那就说明物质不纯，因此可借蒸馏的方法来测定物质的沸点和定性地检验物质的纯度。某些有机化合物往往能和其他组分形成二元或三元恒沸混合物，它们也有一定的沸点。因此，不能认为沸点一定的物质都是纯物质。

（1）蒸馏装置和安装

蒸馏装置主要包括蒸馏烧瓶、冷凝管和接受器三部分。

蒸馏烧瓶是蒸馏时最常用的容器。选用蒸馏烧瓶的大小应由所蒸馏液体的体积来决定。通常所蒸馏的原料液体的体积应占蒸馏烧瓶容量的（1/3）～（2/3）。如果装入的液体量过多，当加热到沸腾时，液体可能冲出，或者液体飞沫被蒸气带出，混入馏出液中；如果装入的液体量太少，在蒸馏结束时，相对地会有较多液体残留在瓶内蒸不出来。

冷凝管是使蒸气在其中冷凝成为液体的玻璃仪器，若液体的沸点高于130℃，用空气冷凝管，若低于130℃，用直形冷凝管。液体沸点很低的可用蛇形冷凝管。

接受器常用接液管和三角烧瓶或圆底烧瓶，应与外界大气相通。

蒸馏装置的装配方法如下。选一个适合于蒸馏烧瓶瓶口的软木塞，钻孔，插入温度计。把装配有温度计的软木塞塞入瓶口，调整温度计的位置，务必使在蒸馏时水银球能完全被蒸气所包围，这样才能正确地测量出蒸气的温度。通常水银球的上端应恰好位于蒸馏烧瓶支管的底边所在的水平线上（见图1-7）。再选一个适合于冷凝管管口的软木塞，钻孔，然后把它紧密地套在蒸馏烧瓶的支管上。在铁台上，首先固定好蒸馏烧瓶的位置，然后在装其他仪器时，不宜再调整蒸馏烧瓶的位置。选一适合于接引管的软塞，钻孔，把冷凝管下端插入塞孔内。在另一铁台上，用铁夹夹住冷凝管的中上部分，调整铁台和铁夹的位置，使冷凝管的中心线和蒸馏烧瓶支管的中心线成一直线，如图1-7所示。移动冷凝管，把

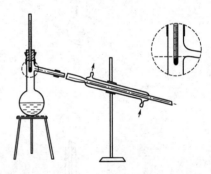

图1-7　蒸馏装置

蒸馏烧瓶的支管和冷凝管紧密地连接起来；蒸馏烧瓶的支管须伸入冷凝管大口部分的1/2左右，这时，铁夹应调节到正好夹在冷凝管的中央部分。再装上接引管和接受器（见图1-8）。在蒸馏挥发性小的液体时，也可不用接引管。亦可选用标准磨口蒸馏装置，按如图1-9所示的方法装配。

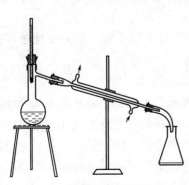

图1-8　普通蒸馏装置（一）

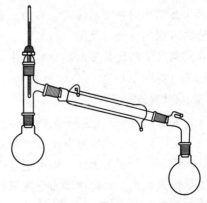

图1-9　普通蒸馏装置（二）（标准磨口仪器）

装配蒸馏装置时，应注意以下几点。

① 首先应选定蒸馏烧瓶的位置，然后以它为基准，顺次地连接其他仪器。

② 所用的软木塞必须大小合适，装配严密，以防止在蒸馏过程中有蒸气漏出，而使产品受到损失或发生着火事故。

③ 避免铁器与玻璃仪器直接接触，以防夹破仪器。所用的铁夹必须用石棉布、橡皮等作衬垫。铁夹应该装在仪器的背面，夹在蒸馏瓶支管以上的位置和冷凝管的中央部分。

④ 常压下的蒸馏装置必须与大气相通。

⑤ 在同一实验桌上装置几套蒸馏装置且相互间的距离较近时，每两套装置的相对位置必须或是蒸馏烧瓶对蒸馏烧瓶，或是接受器对接受器。避免使一套装置的蒸馏烧瓶与另一套装置的接受器紧密相邻，这样有着火的危险。

如果蒸馏出的物质易受潮分解，可在接受器上连接一个氯化钙干燥管，以防止湿气的侵入；如果蒸馏的同时还放出有毒气体，则尚需装配气体吸收装置（见图1-10和图1-11）。

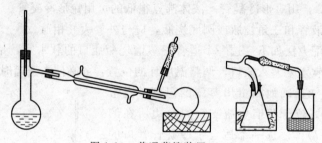

图 1-10　普通蒸馏装置（三）

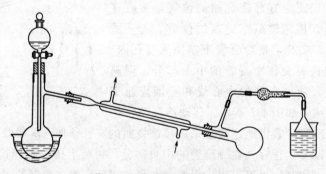

图 1-11　普通蒸馏装置（四）

如果蒸馏出的物质易挥发、易燃或有毒，则可在接受器上连接一长橡皮管，通入水槽的下水管内或引出室外（见图1-12）。

在用圆底烧瓶代替蒸馏烧瓶时，则可用一段约75°的弯玻璃导管，把圆底烧瓶和冷凝管连接起来（见图1-13）。

（2）蒸馏操作

蒸馏装置装好后，把要蒸馏的液体经长颈漏斗倒入蒸馏烧瓶里。漏斗的下端须伸到蒸馏烧瓶支管的下面。若液体里有干燥剂或其他固体物质，应在漏斗上放滤纸或一小撮松软的棉花或玻璃毛等，以滤去固体。也可把蒸馏烧瓶取下来，斜拿住，使支管略向上，把液体小心地沿器壁倒入瓶里。然后往蒸馏烧瓶里放入几根毛细管。毛细管的一端封闭，开口的一端朝下。毛细管的长度应足以使其上端贴靠在烧瓶的颈部。也可投入2～3粒沸石以代替毛细管。

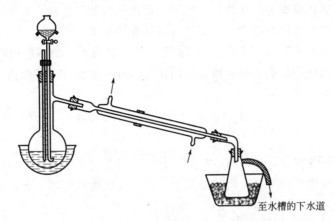

图 1-12　普通蒸馏装置（五）

至水槽的下水道

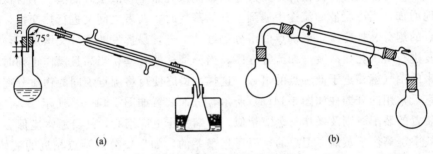

(a)　　　　　　　　　　　　(b)

图 1-13　普通蒸馏装置（六）

沸石常用未上釉的瓷片敲碎成半粒米大小的小粒。毛细管和沸石的作用都是防止液体暴沸，使沸腾保持平稳。当液体加热到沸点时，毛细管和沸石均能产生细小的气泡，成为沸腾中心。在持续沸腾时，沸石（或毛细管）可以继续有效，一旦停止沸腾或中途停止蒸馏，则原有的沸石即失效，在再次加热蒸馏前，应补加新的沸石。如果事先忘记加沸石，则绝不能在液体加热到近沸腾时补加，因为这样往往会引起剧烈暴沸，使部分液体冲出瓶外，有时还易发生着火事故。应该待液体冷却一段时间后，再行补加。如果蒸馏液体很黏稠或含有较多的固体物质，加热时很容易发生局部过热和暴沸现象，加入的沸石也往往会失效。在这种情况下，可以选用适当的热浴加热。例如，可采用油浴。是选用合适的热浴加热，还是通过石棉铁丝网加热（烧瓶底部一般应贴在石棉铁丝网上），要根据蒸馏液体的沸点、黏度和易燃程度等情况来决定。

加热前，应再次检查仪器是否装配严密，必要时，应作最后调整。开始加热时，可以让温度上升得稍快些。开始沸腾后，应密切注意蒸馏烧瓶中发生的现象；当冷凝的蒸气环由瓶颈逐渐上升到温度计水银球的周围时，温度计的水银柱就会很快地上升。调节火焰或浴温，使从冷凝管流出液滴的速度为 1～2 滴/s。应当在实验记录本上记录第一滴馏出液滴入接受器时的温度，当温度计的读数稳定时，另换接受器集取。如果温度变化较大，须多换几个接受器集取。所用的接受器都必须洁净，且事先都须称量过。记录每个接受器内馏分的温度范围和质量。若对要集取的馏分的温度范围已有规定，即可按规定集取。馏分的沸点范围越窄，则馏分的纯度越高。

蒸馏的速度不应太慢，否则易使水银球周围的蒸气短时间中断，致使温度计上的读数有不规则的变动。蒸馏速度也不能太快，否则易使温度计读数不正确。在蒸馏过程中，温度计的水银球上应始终附有冷凝的液滴，以保持气液两相的平衡。

蒸馏低沸点易燃液体时（例如乙醚），附近应禁止有明火，绝不能用灯火直接加热。也不能用正在灯火上加热的水浴加热，而应该用预先热好的水浴。为了保持必需的温度，可以适时地向水浴中添加热水。

当烧瓶中仅残留少量（0.5～1mL）液体时，即应停止蒸馏，否则会发生意外事故。

七、分馏

液体混合物中的各组分，若其沸点相差很大，可用普通蒸馏法分离开；但若其沸点比较接近，在蒸馏时各种物质的蒸气将同时被蒸出，只不过低沸点的多一些，这就难以达到分离和提纯的目的，故只能借助分馏。

分馏实际上就是使沸腾着的混合物蒸气通过分馏柱进行一系列的热交换，由于柱外空气的冷却蒸气中高沸点的组分会被冷却为液体，回流入烧瓶中，故上升的蒸气中含低沸点的组分就相对地增加，当冷凝液回流途中遇到上升的蒸气时，两者之间又进行热交换，上升的蒸气中高沸点的组分又被冷凝，低沸点的组分仍继续上升，易挥发的组分又增加了，如此在分馏柱中反复进行着汽化—冷凝—回流等程序，当分馏柱的效率相当高且操作正确时，在分馏柱顶部出来的蒸气就接近于低沸点的组分，这样，最终便可将沸点不同的物质分离出来。

实验室最常用的分馏柱如图 1-14(a) 所示，分馏装置如图 1-14(b) 所示。

分馏装置的装配原则及操作与蒸馏相似。分馏操作更应细心，柱身通常应保温。这种简单分馏，效率虽略优于蒸馏，但总的来说还是很差的，如果要分离沸点相近的液体混合物，还必须用精密分馏装置。

精密分馏的原理与简单分馏完全相同。为了提高分馏效率，在操作上采取了两项措施：一是柱身装有保温套，保证柱身温度与待分馏的物质的沸点相近，以利于建立平衡；二是控制一定的回流比（上升的蒸气，在柱头经冷凝后，回入柱中的量和出料的量之比）。一般来说，对同一分馏柱，平衡保持得好，回流比大，则效率高。

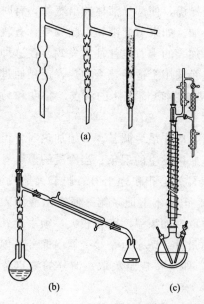

图 1-14　分馏装置

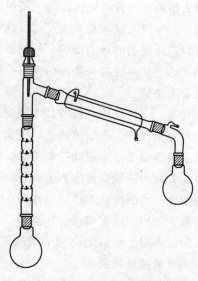

图 1-15　分馏标准磨口装置

　　精密分馏仪器如图 1-14(c) 所示分馏标准磨口装置如图 1-15 所示。在烧瓶中加入待分馏的物料，投入几粒沸石。柱头的回流冷凝器中通水。关闭出料旋塞（但不得密闭加热）。对保温套及烧瓶电炉或加热套通电加热，控制保温套温度略低于待分馏物料组分中沸点最低物质的沸点。调节电炉温度使物料沸腾，蒸气升至柱中，冷凝、回流而形成液泛（柱中保持着较多的液体，使上升的蒸气受到阻塞。整个柱子失去平衡）。降低电炉温度，待液体流回烧瓶，液泛现象消除后，提高炉温，重复液泛 1~2 次，充分润湿填料。

　　经过上述操作后，调节柱温，使之与物料组分中沸点最低物质的沸点相同或稍低。控制电炉温度，使蒸气缓慢地上升至柱顶，冷凝而全回流（不出料）。经一定时间后柱及柱顶温度均达到恒定，表示平衡已建立。此后逐渐旋开出料旋塞，在稳定的情况下（不液泛），按一定回流比连续出料，收集一定沸点范围的各馏分，记下每一馏分的沸点范围及质量。

八、水蒸气蒸馏

　　两种互不相容的液体混合物质的蒸气压，等于两液体单独存在时的蒸气压之和。当组成混合物的两液体的蒸气压之和等于大气压力时，混合物就开始沸腾。显然，混合物的沸点要比任一组分单独存在时的沸点低。因此，在不溶于水的有机物质中，通入水蒸气进行水蒸气蒸馏时，在比该物质的沸点低得多的温度，而且比 100℃ 还要低的温度就可使该物质蒸馏出来。

　　水蒸气蒸馏操作是将水蒸气通入不溶或难溶于水但有一定挥发性的有机物质（100℃时其蒸气压至少为 1.3325×10^5 Pa）中，使该有机物质在低于 100℃ 的温度时随着水蒸气一起蒸馏出来。

　　在馏出物中，随水蒸气一起蒸馏出来的有机物质与水的质量（m_0 和 m_{H_2O}）之比，等于两者的分压（p_0 和 p_{H_2O}）分别和两者的摩尔质量（M_0 和 18）相乘之比，所以馏出液中有机物质与水的质量之比可按下式计算

$$\frac{m_0}{m_{H_2O}}=\frac{M_0\times p_0}{18\times p_{H_2O}}$$

　　例如，苯胺和水的混合物用水蒸气蒸馏时，苯胺的沸点是 184.4℃，当温度达到 98.4℃ 时，苯胺的蒸气压是 5.5995×10^3 Pa，水的蒸气压是 9.5725×10^4 Pa，两者相加等于 1.01325×10^5 Pa，接近大气压，于是混合物沸腾。由于苯胺的摩尔质量为 93，故馏出液中苯胺与水的质量比等于

$$\frac{93\times5.5995\times10^3}{18\times9.5725\times10^4}=\frac{1}{3}$$

　　由于苯胺略溶于水，这个计算所得的仅是近似值。

　　水蒸气蒸馏是用以分离和提纯液态或固态有机化合物的一种重要方法，常用于下列各种情况：

　　① 混合物中含有大量树脂状杂质或挥发性杂质，采用蒸馏、萃取等方法都难以分离；

　　② 某些沸点高的有机化合物，在常压蒸馏时虽然可与副产品分离，但易将其破坏；

　　③ 从较多固体反应物中分离出被吸附的液体。

　　水蒸气蒸馏装置如图 1-16 所示，主要由水蒸气发生器 A，与桌面约成 45°角放置的长颈圆底烧瓶 D 和长的直型水冷凝管 F 组成。水蒸气发生器 A 通常是铁质的，也可用圆底烧瓶代替。器内盛水约占其容量的 1/2，可从其侧面的玻璃水位管察看器内的水平面。长玻璃管

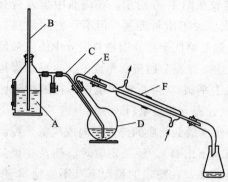

图 1-16　水蒸气蒸馏装置

A—水蒸气发生器；B—安全管；C—水蒸气导管；
D—长颈圆底烧瓶；E—馏出液导管；F—冷凝管

B 为安全管，管的下端接近器底，根据管中水柱的高低，可以估计水蒸气压力的大小，长颈圆底烧瓶 D 应当用铁夹夹紧，并应斜放，以免飞溅起的液沫被蒸气带进冷凝管中。瓶口配置双孔软木塞，一孔插入水蒸气导管 C，另一孔插入馏出液导管 E。水蒸气导管 C 外径一般不小于 7mm，以保证水蒸气畅通，其末端应接近烧瓶底部，以便水蒸气和蒸馏物质充分接触并起搅动作用。馏出液导管 E 应稍粗一些，其外径约为 10mm，以便蒸气能畅通地进入冷凝管中。若馏出液导管 E 的直径太小，蒸气的导出将会受到一定的阻碍，这会增加长颈圆底烧瓶 D 中的压力。馏出液导管 E 在弯曲处前的一段应尽可能短一些，插入双孔软木塞后露出约 5mm，在弯曲处后一段则允许稍长一些，因它可起部分的冷凝作用。用长的直型冷凝管 F 可以使馏出液充分冷却。由于水的蒸发潜热较大，所以冷却水的流速也宜稍大一些。水蒸气发生器 A 的支管和水蒸气导管 C 之间用一个 T 形管相连接。在 T 形管的支管上套一段短橡皮管，用螺旋夹紧，用以除去水蒸气中冷凝下来的水分。在操作中，如果发生不正常现象，应立刻打开夹子，使之与大气相通。

将被蒸馏的物质倒入长颈圆底烧瓶 D 中，其量约为烧瓶容量的 1/3。操作前，水蒸气蒸馏装置应经过检查，必须严密不漏气。开始蒸馏时，先把 T 形管上的夹子打开，用电炉把发生器里的水加热到沸腾。当有水蒸气从 T 形管的支管冲出时，再旋紧夹子，让水蒸气通入烧瓶中，这时可以看到瓶中的混合物翻腾不息，不久在冷凝管中就会出现有机物质和水的混合物。调节电炉温度，使瓶内的混合物不致飞溅得太厉害，并控制馏出液的速度为 2～3 滴/s。为了使水蒸气不致在烧瓶内过多地冷凝，在蒸馏时通常也可缓慢地加热烧瓶。在操作时，要随时注意安全管中的水柱是否发生不正常的上升现象，以及烧瓶中的液体是否发生倒吸现象，一旦发生这种现象应立刻打开夹子，停止加热，找出发生故障的原因，并将故障排除后，才可继续蒸馏。

当馏出液澄清透明且不再含有有机物质的油滴时，即可停止蒸馏。

水蒸气蒸馏标准磨口装置如图 1-17 所示。

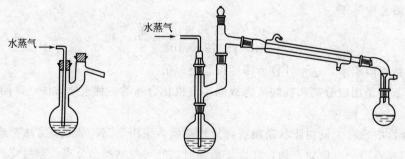

图 1-17　水蒸气蒸馏标准磨口装置

九、减压蒸馏

很多有机化合物，特别是高沸点的有机化合物，在加热还未达到沸点时往往会发生分解或氧化现象。在这种情况下，采用减压蒸馏方法最为有效。一般的高沸点有机化合物，当压

力降低到 2.678×10^3 Pa 时，其沸点要比常压下的沸点低 $100 \sim 120$℃。因此，减压蒸馏对于分离或提纯沸点较高或性质比较不稳定的液态有机化合物具有特别重要的意义。

1. 减压蒸馏装置

减压蒸馏装置通常由蒸馏烧瓶、冷凝管、接受器、水银压力计、干燥塔、缓冲用的吸滤瓶和减压泵等组成。

若用水泵来减压，简便的减压蒸馏装置如图 1-18 所示。减压蒸馏标准磨口装置如图 1-19 所示。

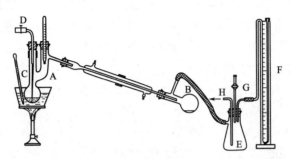

图 1-18　减压蒸馏装置

A—克氏蒸馏烧瓶；B—接受器；C—毛细管；D—螺旋夹；E—缓冲用的吸滤瓶；
F—水银压力计；G—二通旋塞；H—导管

减压蒸馏中所用的蒸馏烧瓶通常为克氏蒸馏烧瓶 A。它有两个瓶颈，带支管的瓶口插温度计，另一瓶口则插一根末端拉成毛细管的厚壁玻璃管 C；毛细管的下端要伸到离瓶底 $1 \sim 2$mm 处。在减压蒸馏时，空气由毛细管进入烧瓶，冒出小气泡，成为沸腾中心，同时又起一定的搅动作用。这样可以防止液体暴沸，使沸腾保持平稳，对减压蒸馏是非常重要的。

毛细管有两种：一种是粗孔；另一种是细孔。使用粗孔毛细管时，在烧瓶外面的玻璃管的一端必须套一段短橡皮管，并用螺旋夹 D 夹住，以调节进入烧瓶的空气量，使液体保持适当程度的沸腾，为了便于调节，最好在橡皮管中插入一根直径约为 1mm 的金属丝。使用细孔毛细管时，不用特别调

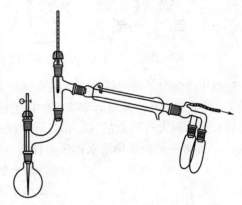

图 1-19　减压蒸馏标准磨口装置

节，但在使用前需要进行检验，检验方法是：把毛细管伸入盛少量乙醚或丙酮的试管里，从另一端向管内吹气，若能从毛细管的管端冒出一连串很小的气泡，就说明这根毛细管可以使用。

减压蒸馏装置中的接受器通常用蒸馏烧瓶、吸滤瓶或厚壁试管等，因为它们能耐外压，不可用锥形瓶作接受器。蒸馏时，若既要集取不同的馏分又要不中断蒸馏，则可将多头接引管（见图 1-20）的几个分支管用橡皮塞和接受器连接起来，以便转动多头接引管，使不同的馏分流到指定的接受器中。

图 1-20　多头接引管

接引管（或带支管的接引管）用耐压的厚壁橡皮管与作缓冲用的吸滤瓶 E 连接起来。吸滤瓶 E 的瓶口上装一个三孔橡皮塞，一孔连接水银压力计 F，一孔连接二通旋塞 G，另一孔插入导管 H。导管的下端应接近瓶

底，上端与水泵相连接。

减压泵可用水泵或油泵。若不需要很低压力，可用水泵，如果水泵的构造好且水压又高，水泵可把压力减小到 2.678×10^3 Pa 左右。水泵所能抽到的最低压力，理论上相当于水温下的水蒸气压力，这对一般减压蒸馏已经足够了。油泵可以把压力顺利减小到 5.438×10^2 Pa 左右，油泵的好坏取决于其机械结构和油的质量，使用油泵时必须把它保护好，易挥发有机物的蒸气可被泵内的油所吸收，污染泵油，并将严重地降低泵的效率，而水蒸气凝结在泵里，会使油乳化，也会降低泵的效率；此外，酸也会腐蚀泵。为了保护油泵，应在泵前面装设的干燥塔（见图 1-21）里面放粒状氢氧化钠（或碱石灰）和活性炭（或分子筛）等以吸收水蒸气、酸气和有机物气体。因此，用油泵进行减压时，在接受器和油泵之间，应顺次装上水银压力计、干燥塔和缓冲用的吸滤瓶。其中缓冲瓶的作用是使仪器装置内的压力不发生太突然的变化和防止泵油的倒吸。

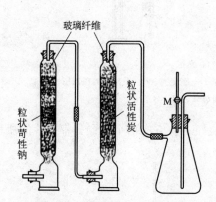

图 1-21　吸除酸气、水蒸气和有机物蒸气的干燥塔

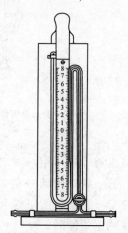

图 1-22　U 形管水银压力计

减压蒸馏装置内的压力，可用水银压力计来测定，一般用如图 1-18 中所示的水银压力计 F。装置中的压力是这样来测定的：先记录压力计 F 中两臂水银柱高度的差数（mmHg），然后从当时的大气压力数（mmHg）中减去这个差数，即得蒸馏装置内的压力，将其换算成 Pa。另外一种很常用的水银压力计是一端封闭的 U 形管水银压力计（见图 1-22）。管后木座上装有可滑动的刻度标尺。测定压力时，通常把滑动标尺的零点调整到 U 形管右臂的水银柱顶端线上，根据左臂的水银柱顶端线所指示的刻度，可以直接读出装置内的压力。使用这种水银压力计时，不得让水和其他脏物进入 U 形管中，否则会严重地影响其正确性。（为了维护 U 形管水银压力计，在蒸馏过程中，待系统内的压力稳定后，可经常关闭压力计上的旋塞，使其与减压系统隔绝。当需要观察压力时，再临时开启旋塞，记下压力计的读数）。

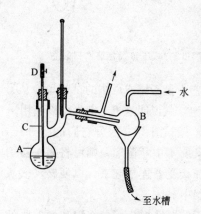

图 1-23　减压蒸馏装置
A—克氏蒸馏烧瓶；B—接受器；
C—毛细管；D—螺旋夹

若蒸馏小量液体，可不用冷凝管，而采用如图 1-23 所示的装置。克氏蒸馏烧瓶的支管直接插入蒸馏烧瓶（作为接受器）的球形部分。液体沸点在减压下低于 140～150℃时，可使水流到接受器上面，进行冷却，冷却水经过下

面的漏斗，由橡皮管引入水槽。

　　减压蒸馏装置中的连接处都要用橡皮塞塞紧，但若被蒸馏的物质特别容易和橡皮塞起作用，克氏蒸馏烧瓶上的橡皮塞可用优质软木塞代替，且软木塞和瓶口连接处应涂以火棉胶、醋酸纤维、过氯乙烯树脂等。

2. 操作方法

　　仪器装置安装完毕，在开始蒸馏以前，必须先检查装置的气密性，以及装置能减压到何种程度。在克氏蒸馏烧瓶中放入约占其容量（1/3）～（1/2）的蒸馏物质。先用螺旋夹 D 把套在毛细管 C 上的橡皮管完全夹紧，打开旋塞 M（或旋塞 G），然后开动泵。逐渐关闭旋塞 M，从水银压力计观察仪器装置所能达到的减压程度。

　　经过检查，如果仪器装置完全合乎要求，可开始蒸馏。加热蒸馏前，尚需调节旋塞 M，使仪器达到所需要的压力。如果压力超过所需要的真空度，可以小心地旋转旋塞 M，慢慢地引入空气，把压力调整到所需要的真空度。如果达不到所需要的真空度，可通过蒸气压温度曲线查出在该压力下液体的沸点，据此进行蒸馏，用油浴加热时，烧瓶的球形部分浸入油浴中应占其体积的 2/3，但注意不要使瓶底和浴底接触，以免逐渐升温，油浴温度一般要比被蒸馏液体的沸点高出 20℃左右。如果需要，调节螺旋夹，使液体保持平稳沸腾。液体沸腾后，再调节油浴温度，使馏出液流出的速度每秒钟不超过 1 滴。在蒸馏过程中，应注意水银压力计的读数，记录下时间、压力、液体沸点、油浴温度和馏出液流出的速度等数据。

　　蒸馏完毕时，除去热源，并慢慢地打开旋塞 M，平衡内外压力，使压力计中的水银柱慢慢地回复到原状（注意：这一操作须特别小心，一定要慢慢地旋开旋塞，如果引入空气太快，水银柱会很快地上升，有冲破 U 形管压力计的可能），而后关闭油泵。待仪器装置内的压力与大气压力相等后，方可拆卸仪器。

十、过滤

1. 普通过滤

　　普通过滤通常用 60°的圆锥形玻璃漏斗。放进漏斗的滤纸，其边缘应该比漏斗的边缘略低，先把滤纸润湿，然后过滤。倾入漏斗的液体，其液面应比滤纸的边缘低 1cm 左右。

　　过滤有机液体中的大颗粒干燥剂时，可在漏斗颈部的上口轻轻地放少量疏松的棉花或玻璃毛，以代替滤纸。如果过滤的沉淀物颗粒细小或具有黏性，可采用倾泻法，即首先使溶液静置，再过滤上层的澄清部分，最后把沉淀移到滤纸上，这样可以使过滤速度加快。

2. 减压过滤

　　减压过滤通常使用瓷质的布氏漏斗，漏斗配以橡皮塞，装在玻璃的吸滤瓶上（见图 1-24），吸滤瓶的支管用橡皮管与抽气装置连接。若用水泵，吸滤瓶与水泵之间宜连接一个缓冲瓶（配有二通旋塞的吸滤瓶；调节旋塞，可以防止水的倒吸）；若用油泵，吸滤瓶与油泵之间应连接吸收水汽的干燥装置和缓冲瓶。滤纸应剪成比漏斗的内径略小，以能恰好盖住所有的小孔为度。

　　过滤时，应先用溶剂将平铺在漏斗上的滤纸润湿，然后开动水泵（或油泵），使滤纸紧贴在漏斗上。小心地把要过滤的混合物倒入漏斗中，使固体均匀地分布在整个滤纸面上，一直抽气到几乎没有液体滤出时为止。为了尽量把液体除净，可用玻璃瓶塞压挤过滤的固体——滤饼。

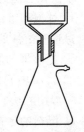

图 1-24　吸滤瓶

　　在漏斗上洗涤滤饼的方法：将滤饼尽量抽干、压干，调节旋塞，放空，使其恢复常压，把少量溶剂均匀地洒在滤饼上，使溶剂恰能盖住滤饼。静置片刻，使溶剂渗透滤饼，待有滤液从漏斗下端滴下时，重新抽气，再将滤饼尽量抽干、压干。这样反复几次，就可把滤饼洗净。切记：在停止抽滤时，应先调节旋塞，放空，然后再关闭抽气泵。

　　减压过滤的优点是：过滤和洗涤的速度快，液体和固体分离得较完全，滤出的固体容易干燥。

　　强酸性或强碱性溶液过滤时，应在布氏漏斗上铺上玻璃布或涤纶布、氯纶布来代替滤纸。

3. 加热过滤

　　用锥形的玻璃漏斗过滤热的饱和溶液时，常在漏斗中或其颈部析出晶体，使过滤发生困难。这时可以用保温漏斗来过滤。保温漏斗的外壳是铜制的，里面插1个玻璃漏斗，在外壳与玻璃漏斗之间装水，在外壳的支管处加热，即可把夹层中的水烧热而使漏斗保温。

　　为了尽量利用滤纸的有效面积以加快过滤速度，在过滤热的饱和溶液时，常使用折叠式滤纸（见图1-25），其折叠的方法如下：先把滤纸折成半圆形，再对折成圆形的1/4，展开如图1-25（a）所示。再以1对4折出5，3对4折出6，1对6折出7，3对5折出8，如图1-25（b）所示；然后以3对6折出9，1对5折出10，如图1-25（c）所示；最后在1和10、10和5、5和7…9和3间各反向折叠，如图1-25（d）所示。把滤纸打开，在1和3的地方各向内折叠一个小叠面，最后做成如图1-25（e）所示的折叠滤纸，就可以放入漏斗中使用。在每次折叠时，在折纹近集中点处切勿对折纹重压，否则在过滤时滤纸的中央易破裂。

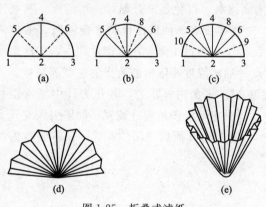

图1-25　折叠式滤纸

　　过滤时，把热的饱和溶液逐渐倒入漏斗中，在漏斗中的液体仍不宜积得太多，以免析出晶体，堵塞漏斗。

　　也可用布氏漏斗趁热进行减压过滤。为了避免漏斗破裂和在漏斗中析出结晶，最好先用热水浴或水蒸气浴，或在电烘箱中把漏斗预热，然后用来进行减压过滤。

十一、重结晶

　　经有机化学反应分离出来的固体粗产物往往含有未反应的原料、副产物及杂质，必须加以分离纯化。提纯固体最常用的方法就是重结晶。重结晶过程一般是使重结晶物质在较高的温度下溶在合适的溶剂中，然后在较低的温度下结晶析出，而使杂质遗留在溶液内。

1. 过饱和溶液的制法

过饱和溶液的制法有以下两种：

① 把溶液的溶剂蒸发掉一部分；

② 将加热下制得的饱和溶液加以冷却。

一般用方法②。

2. 溶剂的选择

正确地选择溶剂，对重结晶操作有很重要的意义。在选择溶剂时，必须考虑被溶解物质的成分和结构，例如，含羟基的物质，一般都能或多或少地溶解在水里；高级醇（由于碳链的增长）在水中的溶解度就显著地降低，而在乙醇和碳氢化合物中的溶解度就增大。

溶剂必须要符合下列条件：

① 不与重结晶的物质发生化学反应；

② 在高温时，重结晶物质在溶剂中的溶解度较大，而在低温时则很小；

③ 能使溶解的杂质保留在母液中；

④ 容易和重结晶物质分离。

此外，也需适当地考虑溶液的毒性、易燃性和价格等。现将常用的溶剂及其沸点列于表 1-4 中。

表 1-4　重结晶常用溶剂及其沸点

溶剂	沸点/℃	溶剂	沸点/℃	溶剂	沸点/℃
水	100	乙酸乙酯	78	氯仿	61
甲醇	65	冰醋酸	118	四氯化碳	76
乙醇	78	二硫化碳	46.5	苯	80
二氯甲烷	41	环己烷	81	甲苯	111
乙醚	34	丙酮	56	粗汽油	90～150

为了选择合适的溶剂，除需要查阅化学手册外，有时还需要采用试验的方法，其方法是：取几个小试管，各放入约 0.2g 要重结晶的物质，分别加入 0.5～1mL 不同种类的溶剂，加热到完全溶解。冷却后，能析出最多量晶体的溶剂，一般可认为是最合适的。如果固体物质在 3mL 热溶剂中仍不能全溶，可以认为该溶剂不适用于重结晶；如果固体在热溶剂中能溶解，而冷却后，无晶体析出，这时可用玻璃棒在液面下的器壁上摩擦或用冰水冷却，以促使晶体析出，若仍得不到晶体，则说明此固体在该溶剂中的溶解度很大，这样的溶剂不适用于重结晶。

如果难以找到一种合适的溶剂，则可采用混合溶剂，混合溶剂一般由两种能以任何比例互溶的溶剂组成，其中一种对被提纯物质的溶解度较大，而另一种则对被提纯物质的溶解度较小。一般常用的混合溶剂有：乙醇-水，乙醇-乙醚，乙醇-丙酮，乙醚-石油醚，苯-石油醚等。

3. 操作方法

通常在锥形瓶或烧杯中进行重结晶，因为这样便于取出生成的晶体。使用易挥发或易燃的溶剂时，为了避免溶剂的挥发和发生着火事故，把要重结晶的物质放入锥形瓶中，锥形瓶上安装回流冷凝管，溶剂可从冷凝管上口加入。先加入少量溶剂，加热到沸腾，然后逐渐地添加溶剂（加入后，再加热煮沸），直到固体全部溶解为止。但应注意，不要因为重结晶的物质中含有不溶解的杂质而加入过量的溶剂。除高沸点溶剂外，一般都在水浴上加热。切记，在添加可燃性溶剂时，要先关闭热源。

所得到的热饱和溶液如果含有不溶的杂质，应趁热把这些杂质过滤除去。溶液中存在的有色杂质，一般可利用活性炭脱色，活性炭对水溶液脱色较好，但对非极性溶液脱色效果较差。活性炭的用量，以能完全除去颜色为度。为了避免过量，应分成小量，逐次加入。要在溶液的沸点以下加活性炭，并不断搅动，以免发生暴沸。每加一次后，都须再把溶液煮沸片刻，然后用保温漏斗或布氏漏斗趁热过滤；过滤时，可用表面皿覆盖漏斗（凸面向下），以减少溶剂的挥发。

　　静置等待结晶时，必须使过滤的热溶液慢慢地冷却，这样，所得的结晶比较纯净。一般来说，溶液浓度较大、冷却较快时，析出的晶体较细，所得的晶体也不够纯净。热的滤液在碰到冷的吸滤瓶壁时，往往很快析出晶体，但其质量往往不好，常需把滤液重新加热，使晶体完全溶解，再让它慢慢冷却下来。有时晶体不易析出，则可用玻璃棒摩擦器壁或投入晶种（同一物质的晶体），促使晶体较快地析出。为了使晶体更完全地从母液中分离出来，最后可用冰水浴冷却盛溶液的容器。

　　晶体全部析出后，仍用布氏漏斗于减压下将晶体滤出。为除去结晶表面的母液，还应洗涤晶体。用少量干净溶剂均匀洒在晶体上，并用玻璃棒或刮刀轻轻翻动晶体，使全部晶体刚好被溶剂浸润，打开水泵，关闭安全瓶活塞，抽去溶剂，重复操作两次，就可把晶体洗净。

十二、升华

　　升华是提纯固体有机化合物的方法之一。固体物质具有较高的蒸气压时，往往不经过熔融状态就直接变成蒸气，蒸气退冷，再直接变成固体。这种过程叫做升华。

　　若固态混合物具有不同的挥发度，则可应用升华法提纯。升华得到的产品一般具有较高的纯度。此法特别适用于易潮解的物质。

　　升华时，把要精制的物质放入蒸发皿中，用一张穿有若干小孔的圆滤纸把锥形漏斗的口包起来，把此漏斗倒盖在蒸发皿上，漏斗颈部塞一团疏松的棉花，如图1-26所示，在砂浴或石棉铁丝网上将蒸发皿加热，逐渐地升高温度，使要精制的物质气化，蒸气通过滤纸孔，遇到漏斗的内壁，又复冷凝为晶体，附在漏斗的内壁和滤纸上。在滤纸上穿小孔可防止升华后形成的晶体落回到下面的蒸发皿中。

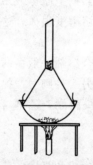

图1-26　升华装置图

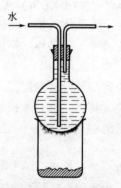

图1-27　升华装置

　　较大量物质的升华，可在烧杯中进行。烧杯上放置一个通冷水的烧瓶，使蒸气在烧瓶底部凝结成晶体并附着在瓶底上（见图1-27）。升华前，必须将要精制的物质充分干燥。

十三、萃取

　　萃取和洗涤是根据物质在不同溶剂中的溶解度不同的原理来进行分离的操作。萃取和洗涤在原理上是一样的，只是目的不同，若从混合物中抽取的物质是我们所需要的，这种操作叫做萃取或提取；若是我们不需要的，这种操作叫做洗涤。

1. 从液体中萃取

　　通常用分液漏斗来进行液体的萃取，萃取时所选择的分液漏斗的容积应为被萃取液体体积的两倍左右。在萃取前必须事先检查分液漏斗的盖子和旋塞是否严密，以防分液漏斗在使用过程中发生泄漏而造成损失（检查的方法通常是先用水试验）。

在萃取或洗涤时，先将液体与萃取用的溶剂（或洗液）由分液漏斗的上口倒入，盖好盖子，振荡漏斗，使两液层充分接触，振荡的操作方法通常是先把分液漏斗倾斜，使漏斗的上口略朝下，如图 1-28 所示。右手捏住漏斗上口颈部，并用食指的末节将漏斗上端玻璃塞顶住，以免玻璃塞松开，左手握住旋塞，握持旋塞的方式既要能防止振荡时旋塞转动或脱落，又要便于灵活地旋开旋塞。振荡后，让漏斗仍保持倾斜状态，旋开旋塞，放出蒸气或产生的气体，使内外压力平衡。若在漏斗内有易挥发的溶剂，如乙醚、苯等，可用碳酸钠溶液中和

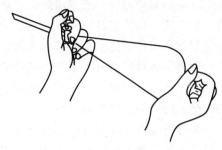

图 1-28　分液漏斗的使用

酸液，振荡后，更应注意及时旋开旋塞，放出气体。振荡数次以后，将分液漏斗放在铁环上（最好把铁环用石棉绳缠扎起来）静置，使乳浊液分层。有时有机溶剂和某些物质的溶液一起振荡，会形成较稳定的乳浊液。在这种情况下，应该避免急剧地振荡。如果形成乳浊液，且一时又不易分层，则可加入食盐，使溶液饱和，以降低乳浊液的稳定性。轻轻地旋转漏斗也可使其加速分层。在一般情况下，长时间静置分液漏斗，可使乳浊液分层。

分液漏斗中的液体分成清晰的两层以后，就可以进行分离，分离液层时，下层液体应经旋塞放出，上层液体应从上口倒出。如果上层液体也经旋塞放出，则漏斗旋塞下面颈部所附着的残液就会把上层液体弄脏。

先把顶上的盖子打开（或旋转盖子，使盖子上的凹缝或小孔对准漏斗上口颈部的小孔，以便与大气相通），让分液漏斗的下端靠在接受器的壁上；旋开旋塞，让液体流下，当液面间的界限接近旋塞时，关闭旋塞，静置片刻，这时下层液体往往会增多一些，再将下层液体仔细地放出，然后将剩下的上层液体从上口倒到另一个容器里。

在萃取或洗涤时，上下两层液体都应该保留到实验完毕。否则，若操作过程中发生错误，便无法补救和检查。

在萃取过程中，将一定量的溶剂分作多次萃取，其效果要比一次萃取更好。

2. 从固体混合物中萃取

图 1-29　索氏
提取器

从固体混合物中萃取所需要的物质，最简单的方法是把固体混合物先行研细，放在容器里，加入适当溶剂，用力振荡，然后用过滤或倾析的方法把萃取液和残留的固体分开。若被提取的物质特别容易溶解，把固体混合物放在放有滤纸的锥形玻璃漏斗中，用溶剂洗涤。这样，所要萃取的物质就可以溶解在溶剂里，而被滤取出来。如果萃取物质的溶解度很小，用洗涤方法要消耗大量的溶剂和很长的时间。在这种情况下，一般用索氏（Soxhlet）提取器来萃取，图 1-29 为虹吸式，如果用漏斗式则萃取效果更好。前者的方法是将滤纸做成与提取器大小相适应的套袋，然后把固体混合物放置在纸袋内，装入提取器内。溶剂的蒸气从烧瓶进到冷凝管中，冷凝后，回流到固体混合物里，溶剂在提取器内到达一定的高度时，就和所提取的物质一同从侧面的虹吸管流入烧瓶中。溶剂就这样在仪器内循环流动，把所要提取的物质集中到下面的烧瓶里。

十四、柱色谱法、纸色谱法和薄层色谱法

色谱分析是 20 世纪初在研究植物色素分离时发现的一种物理的分离分

析方法，借以分离和鉴别结构与物理化学性质相近的一些有机物质。其效果远比蒸馏、分馏、升华、重结晶等一般方法好。长期以来，经过不断改进，已成功地发展为各种类型的色谱分析方法。由于它具有高效、灵敏、准确等特点，已广泛地应用在有机化学、生物化学的科学研究和有关的化工生产等领域内。

色谱分析是以相分配原理为基础的，它基于分析试样各组分在不相混溶并作相对运动的两相（流动相和固定相）中溶解度的不同，或在固定相上的物理吸附程度的不同等，即在两相中分配的不同而使各种组分离。

所分析试样可以是气体、液体或固体（溶于合适的溶剂中），流动相可以是惰性载气、有机溶剂等。固定相则可以是固体吸附剂、水、有机溶剂或涂渍在载体表面上的低挥发性液体。

根据组分在固定相中的作用原理不同，色谱法可分为：吸附色谱、分配色谱、离子交换色谱和凝胶色谱。根据操作条件的不同，色谱法可分为：①柱色谱法；②纸色谱法；③薄层色谱法；④气相色谱法；⑤高效液相色谱法等类型。在本节中只介绍前三种。

1. 柱色谱法

20世纪初，人们就开始应用柱色谱法来分离复杂的有机物。在分离较大量的有机物质时，柱色谱法在目前仍是有效的方法。

柱色谱法涉及被分离的物质在液相和固相之间的分配，因此可以把它看作是一种固-液吸附色谱法。固定相是固体，液体样品通过固体时，由于固体表面对液体中各组分的吸附能力不同而使各组分分离开。

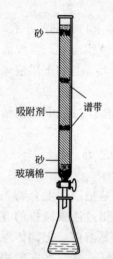

图 1-30 色谱柱

柱色谱法是通过色谱柱（见图1-30）来实现分离的。色谱柱内装有固体吸附剂（固定相），如氧化铝或硅胶。液体样品从柱顶加入，在柱的顶部被吸附剂吸附。然后从柱的顶部加入有机溶剂（作洗提剂）。由于固定相对各组分的吸附能力不同，各组分以不同的速率下移。被吸附较弱的组分在流动相（洗提剂）里的百分含量比被吸附较强的组分要高，以较快的速率向下移动。若是有色物质，则在柱上可以直接看到色带。

各组分随溶剂按一定顺序从色谱柱下端流出，可用容器分别收集，如是无色物质，其在紫外线照射下能发出荧光，则可用紫外线照射。有时则可分段集取一定体积的洗提液，再分别鉴定，如果有一个或几个组分移动得很慢，可把吸附剂推出柱外，切开不同的谱带，分别用溶剂萃取。

选择吸附剂时，需考虑到以下几点：不溶于所使用的溶剂；与要分离的物质不起化学反应，也不起催化作用等；具有一定的组成；一般要求是无色的，颗粒大小均匀。颗粒越小，则混合物的分离程度越好，但溶液或溶剂流经柱子的速度也就越慢，因此要根据具体情况选择吸附剂。

对不同物质，吸附剂按其相对的吸附能力可粗略地分类如下。

① 强吸附剂：低含水量的氧化铝、硅胶、活性炭。

② 中等吸附剂：碳酸钙、磷酸钙、氧化镁。

③ 弱吸附剂：蔗糖、淀粉、滑石粉。

使用最广泛的吸附剂是活性氧化铝，非极性物质通过氧化铝的速率较极性物质为快。有一些物质由于被吸附剂牢牢吸附，将不能通过，活性氧化铝不溶于水，也不溶于有机溶剂，含水的与无水的物质都可以使用这种吸附剂。

吸附剂的吸附能力大小取决于溶剂和吸附剂的性质，一般来说，先将要分出的样品溶在非极性或极性很小的溶剂中，把溶液放在柱顶，然后用稍有极性的溶剂使各组分在柱中形成若干谱带，再用更大极性的溶剂洗提被吸附的物质。例如：以石油醚作溶剂，用苯使谱带展开，再用乙醇洗提不同谱带。当然，也可以用混合溶剂，如石油醚-苯、苯-乙醇等洗提。

普通溶剂的极性增加顺序大致如下：石油醚、四氯化碳、环己烷、二硫化碳、苯、乙醚、乙酸乙酯，丙酮、乙醇、水、吡啶、乙酸。

吸附剂的吸附能力还取决于被吸附物质的结构。化合物的吸附性与其极性成正比，化合物中含有极性较大的基团时，吸附性也较强，以氧化铝为例，其对各种化合物的吸附性按以下次序递减：

酸和碱＞醇、胺、硫醇＞酯、醛、酮＞芳香族化合物＞卤代物＞醚＞烯＞饱和烃。

色谱柱的尺寸范围，可根据处理量决定，柱子的长径比例很重要，一般长：径＝10：1比较合适。

将柱子洗净，干燥。在管的底部铺一层玻璃棉，在玻璃棉上覆盖约 5mm 砂子，然后装入吸附剂。吸附剂必须装填均匀，不能有裂缝，空气必须严格排除。具体有两种装填方法：

① 湿法：将玻璃棉和砂子用溶剂润湿，否则柱子里会有空气泡。将溶剂和吸附剂调好，倒入柱子里，使它慢慢流过柱子，使吸附剂装填均匀。也可以用铅笔或其他木棒敲打，使吸附剂沿管壁沉落。

② 干法：加入足够装填 1～2cm 高的吸附剂，用一个带有塞子的玻璃棒作通条来压紧，然后再加另一部分吸附剂，一直达到足够的高度。不论用哪种方法，装好足够的吸附剂以后，再加一层约 5mm 的砂子，不断敲打，使砂子上层呈水平面。在砂子上面放一片滤纸，其直径应与管子内径相当。

装好的柱子用纯溶剂淋洗，如果速度很慢，可以抽吸，使其流速大约为 1 滴/4s，连续不断地加溶剂，使柱顶不变干。如果速度适宜，当在砂层顶部有 1mm 高的一层溶剂时，即可将要分离的物质溶液加入，然后用溶剂洗提。

已经润湿的柱子不应再让其变干，因为变干后吸附剂可能从玻璃管壁离开而形成裂沟。

2. 纸色谱法

20 世纪 50 年代，纸色谱在有机及生物学领域中曾是分离和鉴定微量物质的一种重要手段，自从出现薄层色谱之后，其应用范围有所缩小，但用于鉴定亲水性较强的化合物时，它的分离效果比薄层色谱好。因此，两者可以相互配合应用。

纸色谱是分配色谱的一种。样品溶液点在滤纸上，通过层析而相互分开。在这里滤纸仅是惰性载体；吸附在滤纸上的水作为固定相，而含有一定比例水的有机溶剂（通常称为展开剂）为流动相。展开时，被层析样品内的各组分由于它们在两相中的分配系数不同而可达到分离的目的。所以，纸色谱是液-液分配色谱。

纸色谱的优点是操作简便、便宜，所得色谱图可以长期保存。其缺点是展开时间较长，一般需要几小时，因为溶剂上升的速度随着高度的增加而减慢。

纸色谱所用的滤纸与普通滤纸不同，两面要比较均匀，不含杂质。通常作定性试验时可采用国产 1 号层析滤纸。大小可根据需要自由选择。一般上行法所用滤纸的长度约为 20～30cm，宽度视样品个数而定。

（1）点样

先将样品溶于适当的溶剂中（如乙醇、丙酮、水等），再用毛细管吸取试样点在事先已用铅笔画好的离纸底边 2～3cm 处的起始线上，样点的直径为 0.3～0.5cm，两个样点间隔为 1.5～2cm。如果样品溶液过稀，可以在样点干燥后重复点样，必要时可反复数次。点好样之后，将滤纸放入已置有展开剂的密闭槽中（见图 1-31），纸的下端浸入液面下 0.5cm 左右，展开剂借毛细管作用沿纸条逐渐上升。待溶剂前沿接近纸上端时，将纸条取出，记下前沿位置，晾干。

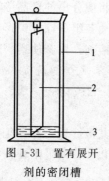

图 1-31　置有展开剂的密闭槽

（2）展开剂

选用展开剂要根据被分离物质的极性而定。如试样与展开剂的极性相差甚远，则不可能得到良好的分离效果。这时被分离物质或是紧跟前沿移动，或是留在原点不动。实验时，一般可参考前人试验的结果选用。

展开剂往往不是单一的溶剂，如乙酸乙酯：丁酮：甲酸：水＝5：3：1：1，指的是将三种溶剂按体积比先在分液漏斗中充分混合，静置分层后再取用上层溶液作为展开剂用。

（3）显色

被分离物质如果是有色组分，展开后滤纸上即呈现出有色斑点。如果化合物本身无色，则可在紫外灯下观察有无荧光斑点；或是用碘蒸气熏的方法来显色。将纸条放入装有少量碘的密闭容器中，许多有机化合物都能和碘形成棕色斑点，但当色谱纸取出之后，在空气中碘逐渐挥发，纸上的棕色斑点就消失了。所以显色之后，要立即用铅笔将斑点位置画出。此外，还可以根据化合物的特性采用试剂进行喷雾显色，如芳族伯胺可与二甲氨基苯甲醛生成黄-红色的希夫（Schiff）碱，羧酸可用酸碱指示剂显色等。

比移值（R_f 值）：比移值是表示色谱图上斑点位置的一个数值（见图 1-32），它可以按下式计算：

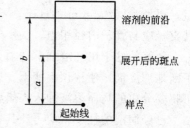

图 1-32　纸色谱的鉴定

$$R_f = \frac{a}{b}$$

式中　a——溶质的最高浓度中心至样点中心的距离；

　　　b——溶剂前沿至样点中心的距离。

要实现良好的分离，R_f 值应为 0.15～0.75，否则应该调换展开剂重新展开。

影响比移值的因素很多，如温度、滤纸和展开剂等。因此，它虽然是每个化合物的特性常数，但由于实验条件的改变而不易重复。所以在鉴定一个具体化合物时，经常采用已知的标准试样在同样实验条件下做对比实验。

纸色谱的展开方法除上行法之外，还有下行法、径向法、双向层析法等，但其使用范围都不太广泛。

3. 薄层色谱法

薄层色谱是一种微量、快速和简便的色谱分离分析方法。它可用于分离混合物，鉴定和精制化合物，是近代有机分析化学中用于定性和定量的一种重要手段。它兼有柱色谱和纸色谱的优点，它展开时间短，分离效率高（可达到 300～4000 块理论塔板数），需要样品少（数微克）。如果把吸附层加厚，试样点成一条线时，又可用作制备色谱，用以精制样品。薄层色谱特别适用于挥发性小的化合物，以及那些在高温下易发生变化、不宜用气相色谱分析的化合物。

薄层色谱的原理和分离过程与柱色谱相似。一般能用硅胶或氧化铝薄层色谱分开的物质，也能用硅胶或氧化铝柱色谱分开。因此薄层色谱常用作柱色谱的先导，吸附剂的性质和洗脱剂的相对洗脱能力在柱色谱中适用的同样适用于薄层色谱中。与柱色谱不同的是，薄层色谱中的流动相沿着薄板上的吸附剂向上移动，而柱色谱的流动相沿着吸附剂向下移动。

样品在涂在玻璃板上的吸附剂（固定相）和溶剂（移动相）之间进行分离。常用的吸附剂是硅胶和氧化铝。各种化合物的吸附能力各不相同，在展开剂上移时，它们进行不同程度的解吸，从而达到分离的目的。如果采用硅藻土和纤维素为支撑剂，则其原理为分配色谱。

薄层色谱的操作方法，如点样、展开、显色等，都和纸色谱基本相同。显色剂除能使用纸色谱的显色剂外，还可采用腐蚀性的显色剂，如浓硫酸、浓盐酸等。斑点位置亦以比移值表示。

（1）吸附剂

薄层色谱的吸附剂最常用的是硅胶和氧化铝，其颗粒大小一般为260目以上。颗粒太大，展开时溶剂移动速度快，分离效果不好；反之，颗粒太小，溶剂移动太慢，斑点不集中，效果也不理想。

国产硅胶有：硅胶 G（含有煅石膏作黏合剂）、硅胶 H（不含煅石膏，使用时需加入少量聚乙烯醇、淀粉等作黏合剂用）和硅胶 F_{254}（含有荧光物质），后者使用之后可在紫外线下观察，有机化合物在亮的荧光板上呈暗色斑点。硅胶经常用于湿法铺层。

（2）铺层

实验室常用 20cm×5cm、20cm×10cm、20cm×20cm 的玻璃板来铺层。玻璃板要预先洗净擦干，铺层分湿法和干法两种。

① 湿法铺层　先将吸附剂调成糊状，例如：称取硅胶 G 20～50g，放入研钵中，加入水40～50mL，调成糊状。此糊大约可涂 5cm×20cm 的板 20 块左右，涂层厚 0.25mm。注意，硅胶 G 糊易凝结，所以必须现用现配，不宜久放。

为得到厚度均匀的涂层，可以用涂布器铺层。将洗净的玻璃板在涂布器中间摆好，夹紧，在涂布槽中倒入糊状物，将涂布器自左至右迅速推进，糊状物就均匀地涂于玻璃板上（见图 1-33）。如果没有涂布器也可以进行手工涂布，将调好的糊状物倒在玻璃板上，用手摇晃，使其表面均匀光滑，但这样涂的板厚度不易控制。

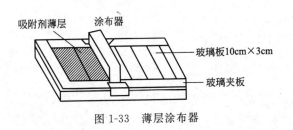

图 1-33　薄层涂布器

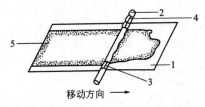

图 1-34　干法铺层

1—玻璃板；2—玻璃棒；3—控制厚度的胶布；
4—防止滑动的胶布；5—氧化铝

② 干法铺层　氧化铝可用于干法铺层。最简单的办法是取平整干净的玻璃板一块，水平放置，在玻璃板上撒上一层氧化铝。另取一根直径均匀的玻璃棒，其两端绕上几圈胶布，将棒压在玻璃板上，用手自一端推向另一端，氧化铝就在板的表面形成一层薄层（见图 1-34）。

（3）活化

涂好的薄层板在室温下晾干后，置于烘箱内加热活化。当温度达到100℃后，硅胶板在105～110℃下保持30min，氧化铝板一般在135℃下活化4h。活化之后的板应放在干燥箱内保存。如果薄层吸附了空气中的水分，板就会失去活性，影响分离效果。硅胶板的活性可以用二甲氨基偶氮苯、靛酚蓝和苏丹红三个染料的氯仿溶液，以己烷：乙酸乙酯＝9：1为展开剂进行测定。

（4）展开

薄层色谱的展开需要在密闭的容器中进行。将选择好的展开剂放入展开缸中，使缸内空气先饱和几分钟，再将点好试样的板放入。干板宜用近水平式的方法展开（见图1-35），板的倾斜度以不影响板面吸附剂的厚度为原则，倾角一般为10°～20°，湿板通常都含有黏合剂，所以可以直立展开（见图1-36）。

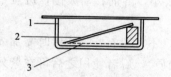

图 1-35　近水平式展开

1—色谱缸；2—薄层板；3—展开剂

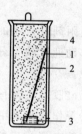

图 1-36　直立式展开

1—色谱缸；2—薄层板；3—小皿盛展开剂；4—展开剂蒸气

薄层色谱展开剂的选择也要根据样品的极性、溶解度和吸附剂活性等因素来考虑，绝大多数采用有机溶剂。

由于薄层色谱操作简便，经常用来为柱色谱和高速液相色谱寻找试验条件（如展开剂）。

第二部分 表面活性剂

2-1 十二烷基苯磺酸钠的制备

【实验目的】

① 掌握烷基苯磺酸钠（LAS）的制备原理和方法。

② 掌握用不同磺化剂进行磺化反应的机理和特点，以及阴离子表面活性剂的性质和用途。

③ 了解十二烷基苯磺酸钠的性质、用途和使用方法。

【实验原理】

磺化反应是向有机分子中的碳原子上引入磺酸基（—SO_3H）的反应。

生成的产物：磺酸（R—SO_3H）、磺酸盐（R—SO_3M；M 表示 NH_4^+ 或金属离子）或磺酰氯（R—SO_2Cl）等。

1. 磺化反应机理

（1）亲电取代反应

SO_3 分子中硫原子的电负性比氧原子的电负性小，所以硫原子带有部分正电荷而成为亲电试剂。

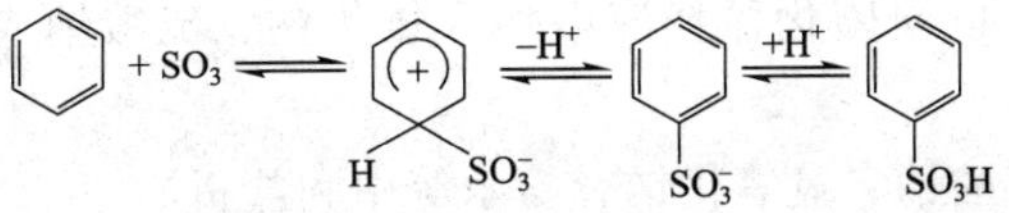

（2）常用的磺化剂

浓硫酸、发烟硫酸、三氧化硫、氯磺酸。

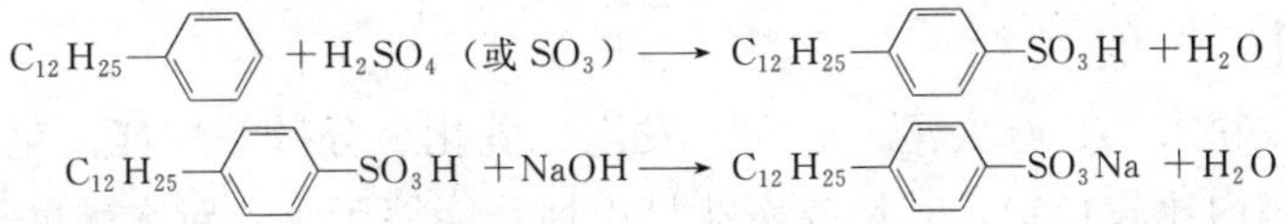

2. 磺化的主要方法

① 过量硫酸磺化法（磺化剂是浓硫酸和发烟硫酸）。

② 共沸脱水磺化法。

③ 三氧化硫磺化法。

④ 氯磺酸磺化法。

⑤ 芳伯胺的烘焙磺化法。

3. 磺化反应的主要目的

① 使产品具有水溶性、酸性、表面活性或对纤维素具有亲和力。

② 将磺基转化为—OH、—NH_2、—CN 或—Cl 等取代基。

③ 先在芳环上引入磺基，完成特定反应后，再将磺基水解掉。

4. 磺化反应的主要影响因素

（1）硫酸的浓度和用量

对磺化反应的速度有很大影响。随着磺化反应的进行，生成的水量逐渐增加，硫酸的浓度逐渐下降，使磺化开始阶段和磺化末期，磺化反应速率就可能下降至原来的几十分之一，甚至几百分之一而几乎停止反应。这时的硫酸被称为"废酸"。为了消除磺化反应生成的水的稀释作用的影响，必须使用过量很多的硫酸。

三氧化硫磺化的优点：不生成水，无大量废酸；磺化能力强，反应快；用量省，接近理论量，成本低。有资料表明，在烷基苯的磺化过程中，用三氧化硫为磺化剂比用硫酸为磺化剂，成本几乎可以降低一半；反应生成的产品质量高、杂质少；由于反应速率快，磺化能在几秒内迅速完成，所以反应设备的生产效率高。

工业上均采用三氧化硫-空气混合物磺化的方法。三氧化硫可由 60％发烟硫酸蒸出，或将硫黄和干燥空气在炉中燃烧，得到含 SO_3 4％～8％（体积分数）的混合气体。将该混合气体通入装有烷基苯的磺化反应器中进行磺化。磺化物料进入中和系统用氢氧化钠溶液进行中和，最后进入喷雾干燥系统干燥。得到的产品为流动性很好的粉末。

（2）磺化反应温度和时间

磺化温度会影响磺基进入芳环的位置和磺酸异构体的生成比例。特别是在多磺化时，为了使每一个磺基都尽可能地进入所希望的位置，对于每一个磺化阶段都需要选择合适的磺化温度。低温、短时间的反应有利于 α 取代，高温、长时间的反应有利于 β 取代。

5. 磺化产物的分离

稀释析出法：有些磺化产物在稀硫酸中的溶解度很低，可用稀释法使其析出，这种方法的优点是操作简便，费用低，副产物废硫酸母液便于回收和利用。

稀释盐析法：许多芳磺酸盐在水中的溶解度很大，但是在相同正离子存在的情况下，则溶解度明显下降，因此可以向磺化稀释液中加入氯化钠、硫酸钠或钾盐等，使芳磺酸盐析出来。

中和盐析法：可用碳酸钠、氢氧化钠、氨水等中和盐析。

脱硫酸钙法。

溶剂萃取法。

【产品性质】

白色浆状物或粉末。具有去污、湿润、发泡、乳化、分散等性能。生物降解度＞90％。在较宽的 pH 范围内比较稳定。其钠或铵盐呈中性，能溶于水，对水硬度不敏感，对酸、碱水解的稳定性好。它的钙盐或镁盐在水中的溶解度要低一些，但可溶于烃类溶剂中，在这方面也有一定的应用价值。

【用途】

大量用作生产各种洗涤剂和乳化剂等的原料，可适量配用于香波、泡沫浴等化妆品中；纺织工业的清洗剂、染色助剂；电镀工业的脱脂剂；造纸工业的脱墨剂。另外，由于直链烷基苯磺酸的盐对氧化剂十分稳定，溶于水，可用于目前在国际上流行的加氧化漂白剂的洗衣粉配方中。

【药品仪器】

烧杯（100mL、500mL）、四口烧瓶（250mL）、滴液漏斗（60mL）、分液漏斗（250mL）、

量筒（100mL）、温度计（0～50℃、0～100℃）锥形瓶（150mL）、托盘天平、碱式滴定管、滴定台、水浴锅、电动搅拌机。

NaOH 溶液（15％、0.1mol/L）、NaOH 固体、发烟硫酸、十二烷基苯、酚酞指示剂、pH 试纸。

【实验步骤】

① 在装有搅拌器、温度计、滴液漏斗和回流冷凝器的 250mL 四口烧瓶中，加入十二烷基苯 35mL（34.6g），搅拌下缓慢加入质量分数为 98％的硫酸 35mL，温度不超过 40℃，加完后升温至 60～70℃，反应 2h。

② 分酸：将上述磺化混合液降温至 40～50℃，缓慢滴加适量水（约 15mL），倒入分液漏斗中，静置片刻，分层，放掉下层（水和无机盐），保留上层（有机相）。

③ 中和：配制质量分数为 15％的氢氧化钠溶液 80mL，将其加入 250mL 四口烧瓶中 60～70mL，搅拌下缓慢加入上述有机相，控制温度为 40～50℃，用质量分数为 15％的氢氧化钠调节 pH＝7～8，并记录质量分数为 15％的氢氧化钠的总用量。

④ 盐析：于上述反应体系中，加入少量氯化钠，渗圈试验清晰后过滤，得到白色膏状产品。

【注意事项】

① 磺化反应为剧烈放热反应，需严格控制加料速度及反应液温度。

② 分酸时应控制加料速度和温度，搅拌要充分，避免结块。

③ 硫酸、磺酸、废酸、氢氧化钠均有腐蚀性，操作时切勿溅到手和衣物上。

【思考题】

① 影响磺化反应的因素有哪些？

② 烷基苯磺酸钠可用于哪些产品配方中？

③ 烷基、芳基磺酸盐有哪些主要性质？

2-2　十二烷基硫酸钠的制备

【实验目的】

① 掌握高级醇硫酸酯盐阴离子表面活性剂的合成原理和合成方法。

② 了解高级醇硫酸酯盐阴离子表面活性剂的主要性质和用途。

③ 掌握含固量、表面张力和泡沫性能的测定方法及有关仪器的使用方法。

【实验原理】

十二烷基硫酸钠（sodium dodecy benzo sulfate，代号 AS）是重要的阴离子表面活性剂的典型代表。熔点 180～185℃，185℃分解，是白色至淡黄色固体，易溶于水，有特殊气味，无毒。泡沫丰富，去污力和乳化性都比较好，有较好的生物降解性，耐碱、耐硬水，在强酸性溶液中易发生水解，稳定性较磺酸盐差，可作矿井灭火剂、牙膏起泡剂、洗涤剂、纺织助剂及其他工业助剂。适于低温洗涤，易漂洗，对皮肤刺激性小。

硫酸化是有机化合物分子中引入—OSO_3H 基的化学过程，其反应如下：

$$ROH + SO_3(H_2SO_4 \cdot SO_3) \longrightarrow ROSO_3H$$

$$ROH + ClSO_3H \longrightarrow ROSO_3H + HCl$$

$$ROSO_3H+NaOH \longrightarrow ROSO_3Na+H_2O$$
$$或\ ROH+H_2NSO_3H \longrightarrow ROSO_3NH_4$$

脂肪醇硫酸酯在酸、碱条件下不耐热，特别是在酸性介质中硫酸酯将水解为硫酸而加速水解。

$$ROSO_3Na+H_2O \longrightarrow ROH+NaHSO_4$$
$$ROSO_3Na+NaHSO_4+H_2O \longrightarrow ROH+H_2SO_4+Na_2SO_4$$

【试剂及仪器】

月桂醇、氢氧化钠、尿素、氯磺酸、氨基磺酸、氢氧化钠溶液（质量分数5%、30%）、氯仿、甲醇、硫酸、硅胶G、广泛pH试纸。

电动搅拌器、电热套、研钵、托盘天平、氯化氢吸收装置、罗氏泡沫仪、四口烧瓶（250mL）、滴液漏斗（60mL）、烧杯（50mL、250mL、500mL）、温度计（0～100℃、0～150℃）、量筒（10mL、100mL）。

【实验步骤】

1. 用氯磺酸硫酸化

$$C_{12}H_{25}OH+ClSO_3H \longrightarrow C_{12}H_{25}OSO_3H+HCl \uparrow$$
$$C_{12}H_{25}OSO_3H+NaOH \longrightarrow C_{12}H_{25}OSO_3Na+H_2O$$

在装有氯化氢吸收装置、温度计、电动搅拌器和滴液漏斗的250mL四口烧瓶中加入62g月桂醇，控温25℃，在充分搅拌下用滴液漏斗于30min内缓慢滴加24mL氯磺酸，滴加时温度不要超过30℃，注意泡沫，勿使物料溢出，加完氯磺酸后，于28～32℃下反应2h，反应中产生的氯化氢气体用质量分数为5%的氢氧化钠溶液吸收。

硫酸化结束后，将硫酸化物缓慢地倒入盛有100g冰和水的混合物的250mL烧杯中（冰∶水＝2∶1）同时充分搅拌，外面用冰水浴冷却，最后用少量水把四口烧瓶中的反应物全部洗出，稀释均匀后，在搅拌下滴加质量分数为30%的氢氧化钠溶液中和到pH值为7～8。取样作薄层分析，用烧杯取2g样品测活性物含量和泡沫性能。

2. 用氨基磺酸硫酸化

$$C_{12}H_{25}OH+NH_2SO_3H \longrightarrow C_{12}H_{25}OSO_3NH_4$$

在装有电动搅拌器、温度计的250mL四口烧瓶中加入74g月桂醇。称取40g氨基磺酸、8g尿素放入研钵中研细，混合均匀，在30～40℃时将研细的混合物分多次慢慢加入四口烧瓶中，同时充分搅拌，使混合物分散均匀，加完后升温到105～110℃，反应1.5～2h。

反应结束后，加入150mL水，搅拌均匀，趁热倒出，在搅拌下用质量分数为30%的氢氧化钠中和到pH值为7.0～8.5，取样作薄层层析，测固形物含量和泡沫性能。

3. 薄层层析

用玻璃棒取少量样品放入试管中，配成质量分数约为2%的溶液，用毛细管点样。

吸附剂：硅胶G。

展开剂：氯仿∶甲醇＝80∶20。

展开高度：12cm。

本产品为白色或淡黄色固体，溶于水，呈半透明溶液。

【注意事项】

① 因氯磺酸遇水会分解，故所用玻璃仪器必须干燥。

② 氯磺酸为腐蚀性很强的酸，使用时必须戴好橡皮手套，在通风橱里量取。

③ 氯化氢吸收装置要密封好。

【产品性能分析】

① 测定十二烷基硫酸钠的熔点。

② 临界胶束浓度的测定：电导率仪法参见《合成洗涤剂工业分析》。

③ 泡沫力测定：罗氏泡沫仪，测量方法参见《合成洗涤剂工业分析》。

④ 表面张力：最大气泡法，参见《物化实验》。

⑤ NaCl 含量测定：测量方法参见《合成洗涤剂工业分析》。

⑥ pH 值：pH 计，测量方法参见《合成洗涤剂工业分析》。

⑦ 游离碱度或碱度的测定：《表面活性剂国际标准—1982》。

【思考题】

① 硫酸酯盐型阴离子表面活性剂有哪几种？写出结构式。

② 高级醇硫酸酯盐有哪些特性和用途？

③ 滴加氯磺酸时，温度为什么要控制在 30℃ 以下？

④ 产品的 pH 值为什么要控制在 7.0～8.5？

2-3 十二烷基二甲基苄基氯化铵的制备

【实验目的】

① 掌握季铵盐型阳离子表面活性剂的制备原理及方法。

② 了解季铵盐型阳离子表面活性剂的性质和用途。

【性质与用途】

1. 性质

十二烷基二甲基苄基氯化铵（dodecyl dimethyl benzyl ammonium chloride）又称匀染剂 TAN、DDP、洁尔灭、1227 表面活性剂等。产品为无色或淡黄色透明黏稠状液体，易溶于水，不溶于非极性溶剂，具有良好的泡沫性和化学稳定性，耐冻、耐酸、耐硬水，还具有杀菌、乳化、抗静电、柔软调理等多种性能，是一种季铵盐型阳离子表面活性剂。其黏度为 $120cm^2/s$（20℃）；相对密度为 0.985（20℃）。刺激皮肤并严重刺激眼睛。

2. 用途

本品可用作餐馆、酿酒厂、食品加工厂等处的消毒杀菌剂；也可用作游泳池的杀藻、杀菌剂，油田助剂，阳离子染料和腈纶染色的缓染匀染剂，织物柔软剂，抗静电剂，石油化工装置的水质稳定剂等。国内应用比较普遍，使用时如掺入少许非离子表面活性剂，杀菌效果更强。

【实验原理】

阳离子表面活性剂在水溶液中解离后，生成带正电荷的活性基团。按化学结构可分为（伯、仲、叔）胺盐、季铵盐、胺氧化物等。应用较多的是胺盐和季铵盐两大类，胺盐和季铵盐在制备方法和性质上有很大差别，在酸性介质中，胺盐和季铵盐都溶于水，但在碱性介质中只有季铵盐可溶于水。胺盐直接由伯、仲、叔胺与各种酸反应来制取，反应极易进行；季铵盐一般需要由叔胺和烷基化剂反应才能制备，反应较难进行。

阳离子表面活性剂一般是具有长链烷基的胺盐和季铵盐，因此作为极性亲水基的原料主要是各类胺化合物。阳离子表面活性剂的结构和阴离子表面活性剂的结构相似，亲油基与亲水基可通过酯、醚、酰胺、铵等键连接。

制取季铵盐所使用的烷基化剂是烷基卤化物或其他易给出烷基的化合物。常用的烷基化剂有一氯甲烷、氯化苄、溴甲烷、硫酸二甲酯、硫酸二乙酯、环氧乙烷、苄基环氧乙烷等。

本实验以十二烷基二甲基叔胺为原料、氯化苄为烷基化剂来制取十二烷基二甲基苄基氯化铵。反应方程式如下：

$$C_{12}H_{25}-\underset{\underset{CH_3}{|}}{\overset{\overset{CH_3}{|}}{N}}-CH_3 \quad + \quad \underset{\text{苯}}{\overset{CH_2Cl}{\bigcirc}} \quad \longrightarrow \quad \left[C_{12}H_{25}-\underset{\underset{CH_3}{|}}{\overset{\overset{CH_3}{|}}{C}}-CH_2-\bigcirc \right]^{+} Cl^{-}$$

【主要仪器和药品】

电动搅拌器、电热套、温度计、回流冷凝管、三口烧瓶、烧杯、十二烷基二甲基叔胺、氯化苄。

【实验内容】

1. 合成

在装有搅拌器、回流冷凝管和温度计的 250mL 三口烧瓶中，加入 44g 十二烷基二甲基叔胺、24g 氯化苄，搅拌并升温至 90～100℃，回流反应 2h，即得到产品白色黏稠液体。

2. 测定

测定其表面张力和泡沫性能。

【注意事项】

界面张力仪和罗氏泡沫仪均为精密仪器，使用时要特别注意操作方法。

【思考题】

① 季铵盐类和胺盐类阳离子表面活性剂的性质有何区别？
② 制备季铵盐型阳离子表面活性剂常用的烷基化剂有哪些？
③ 试述季铵盐型阳离子表面活性剂的工业用途。

2-4　十二烷基二甲基甜菜碱的制备

【实验目的】

① 掌握甜菜碱型两性离子表面活性剂的制备原理和方法。
② 了解甜菜碱型两性离子表面活性剂的性质和用途。
③ 熟悉熔点的测定方法。

【性质与用途】

1. 性质

十二烷基二甲基甜菜碱（dodecyl dimethyl betaine）又名 BS-12，为无色或浅黄色透明黏稠液体，在碱性、酸性和中性条件下均溶于水，即使在等电点也无沉淀，不溶于乙醇等极性溶剂，任何 pH 值下均可使用；有良好的去污、起泡、乳化和渗透性能；对酸、碱和各种金属离子都比较稳定；杀菌作用温和，刺激性小；生物降解性好，并具有抗静电等特殊性能；属两性离子表面活性剂。

2. 用途

本品适用于制造无刺激性的调理香波、纤维柔软剂、抗静电剂、匀染剂、防锈剂、金属表面加工助剂和杀菌剂等。

【实验原理】

两性离子表面活性剂的亲水基是由带正电荷和负电荷的两部分结构构成的，在水溶液中呈现两性状态，会随着介质不同表现出不同的活性。两性离子呈现的离子性随着溶液的 pH 值而变化，在碱性溶液中呈阴离子活性，在酸性溶液中呈阳离子活性，在中性溶液中呈两性活性。

甜菜碱型两性离子表面活性剂是由季铵盐型阳离子部分和羧酸盐型阴离子部分构成的。十二烷基二甲基甜菜碱是甜菜碱型两性离子表面活性剂中使用最普遍的品种，以 N,N-二甲基十二烷胺和氯乙酸钠反应来制取。反应方程式如下：

$$n\text{-}C_{12}H_{25}NH_2 + 2CH_2O + 2HCOOH \longrightarrow n\text{-}C_{12}H_{25}N(CH_3)_2 + 2CO_2 + 2H_2O$$

$$n\text{-}C_{12}H_{25}N(CH_3)_2 + ClCH_2COONa \longrightarrow n\text{-}C_{12}H_{25}\overset{\overset{\displaystyle CH_3}{|}}{\underset{\underset{\displaystyle CH_3}{|}}{N^+}}\text{---}CH_2COO^- + NaCl$$

【主要仪器和药品】

电动搅拌器、熔点仪、电热套、三口烧瓶、烧杯、回流冷凝管、玻璃漏斗、温度计、N,N-二甲基十二烷胺、氯乙酸钠、乙醇、浓盐酸、乙醚。

【实验内容】

在装有温度计、回流冷凝管、电动搅拌器的 250mL 三口烧瓶中，加入 10.7g N,N-二甲基十二烷胺，再加入 5.8g 氯乙酸钠和 30mL 50％乙醇溶液，在水浴中加热至 60～80℃，并在此温度下回流至反应液变成透明。

冷却反应液，在搅拌下滴加浓盐酸，直至出现乳状液不再消失为止，放置过夜至十二烷基二甲基甜菜碱盐酸盐结晶析出，过滤。每次用 10mL 乙醇和水（1∶1）的混合溶液洗涤两次，然后干燥滤饼。

粗产品用乙醚∶乙醇＝2∶1 溶液重结晶，得到精制的十二烷基二甲基甜菜碱。

用熔点仪测其熔点。

【注意事项】

① 玻璃仪器必须干燥。
② 滴加浓盐酸至乳状液不再消失即可。
③ 洗涤滤饼时，洗涤剂要按规定量使用。

【思考题】

① 两性表面活性剂有哪几类？在工业和日用化工方面有哪些用途？
② 甜菜碱型与氨基酸型两性表面活性剂相比，其性质的最大差别是什么？

2-5　烷醇酰胺的制备

【实验目的】

① 掌握烷醇酰胺类非离子型表面活性剂的合成原理和合成方法。

② 了解非离子表面活性剂的主要性质和用途。

【实验原理】

由脂肪酸与二乙醇胺、乙醇胺或类似结构的氨基醇缩合而生成的酰胺俗称烷醇酰胺。实际上通常使用的是以椰子油酸、十二酸、十四酸、硬脂酸或油酸与二乙醇胺为原料制得的酰胺（N,N-二羟乙基脂肪酰胺）。这是一类非离子型表面活性剂，商品名为净洗剂 6501 或 6502。烷醇酰胺的亲水基是羟基，相对于庞大的疏水基团，两个羟基的亲水性是很小的，因此由等摩尔脂肪酸与二乙醇胺制成的烷醇酰胺（1∶1 型）的水溶性很差。实际中使用的烷醇酰胺通常是由脂肪酸与过量一倍的二乙醇胺制成的烷醇酰胺（1∶2 型），所得产物是等摩尔酰胺与二乙醇胺的缔合物，具有良好的水溶性。由于二乙醇胺的存在，1∶2 型烷醇酰胺的水溶液的 pH 值约为 9。若往此溶液中加酸使 pH 值降至 8 以下，就会出现混浊。

烷醇酰胺具有良好的去油、净洗、润湿、渗透、增稠、起泡和稳定泡沫的性能，对金属也有一定的防锈作用。常用作纺织品、皮肤、毛发和金属等方面清洗剂的配方成分。

在工业上，烷醇酰胺的制法通常有两种：①将植物油（如椰子油、棕榈油）水解所得混合脂肪酸制成甲酯（或乙酯）再与二乙醇胺反应，这种方法由于植物油价廉和反应副产物少而较常使用；②脂肪酸直接与二乙醇胺缩合。本实验采用后一种方法制备 N,N-二羟乙基月桂酰胺。

反应式如下：

$$C_{11}H_{23}COOH + HN(C_2H_4OH)_2 \longrightarrow C_{11}H_{23}CON(C_2H_4OH)_2 + H_2O$$

【试剂及仪器】

月桂酸（含量在 98% 以上）、二乙醇胺（cp）、电动搅拌器、电热套、研钵、托盘天平、罗氏泡沫仪、圆底烧瓶（250mL）、回流冷凝管、滴液漏斗（60mL）、烧杯（50mL、250mL、500mL）、温度计（0～100℃、0～150℃）、量筒（10mL、100mL）、分水器、黏度计。

【实验操作】

电磁搅拌器和恒温油浴上装一个 100mL 的圆底烧瓶并安装成蒸馏装置，用橡胶管使接引管的出气口与水循环泵连接起来。向圆底烧瓶中加入 20g（0.1mol）月桂酸和 21g（0.2mol）二乙醇胺，投入一粒电磁搅拌子。开动电磁搅拌器和水循环泵，加热并控制油浴温度在 130℃左右反应 2h，直至没有水蒸出为止。停止加热并撤去油浴，烧瓶内物料冷却至接近室温后，解除减压状态。将瓶内物料取出，称重，得浅黄色黏稠状液体，即为可供应用的产物，约 37～39g。取少许样品滴入清水中，搅匀后应能完全溶解，否则反应仍未达到终点。实验时间约 3.5h。

【产品性能检验】

本实验的产品为混合物，pH 值为 9～10，常温黏度约 160 s（涂-4# 黏度计），10% 水溶液澄清透明，5min 泡沫高度为 130mm 以上。产品中月桂酰二乙醇胺的含量为 60%～70%，游离二乙醇胺含量为 30%～35%。

产品应用性能的检验操作如下：

① pH 值：直接取样用精密 pH 试纸检测。

② 水溶性：称取样品 1g，放入小烧杯中，加入蒸馏水 9mL，搅匀后静置观察溶解情况。

③ 常温黏度：取适量的样品装入涂-4#杯黏度计内直至超过上沿，用一根直玻璃棒沿杯的上边刮去溢出的部分。使样品从杯的底部流出，同时立即开启秒表计时，至液体流完的一刻立即停表，读取秒数。在 25℃时，产品黏度约为 160s（涂-4#黏度计）。读数会因温度改变而有所变化。

④ 起泡力测定：略。

【思考题】

① 油浴时应控制温度为多少？为什么？

② 测定黏度时为什么应严格控制温度？

③ 烷醇酰胺的制备方法有几种？

④ 反应终点如何判定？

2-6　月桂醇聚氧乙烯醚的制备

【实验目的】

① 掌握月桂醇聚氧乙烯醚的制备原理和合成方法。

② 了解聚氧乙烯醚型非离子表面活性剂的性质和用途。

【性质与用途】

1. 性质

月桂醇聚氧乙烯醚（polyoxyethylene lauryl alcohol ether）又称聚氧乙烯十二醇醚，代号 AE，属于非离子型表面活性剂。产品为无色透明黏稠液体，具有生物降解性能好、溶解度高、耐电解质、可低温洗涤、泡沫少等特点。

聚氧乙烯醚型非离子表面活性剂的亲水基由羟基（—OH）和醚键结构（—O—）组成。疏水基上加成的环氧乙烷越多，醚键结合就越多，亲水性也越大，也就越易溶于水。这一点与只要一个亲水基就能很好地发挥亲水性的阳离子和阴离子表面活性剂大不相同。

2. 用途

主要用于配制家用和工业用的洗涤剂，也可作为乳化剂、匀染剂等。价格低廉，应用范围广泛。

【实验原理】

非离子表面活性剂是一种在水中不解离的，以羟基和醚键结构为亲水基的表面活性剂。由于羟基和醚键结构在水中不解离，因而亲水性极差。只靠一个羟基或醚键结构并不能将很大的疏水基溶解于水，因此，必须同时具有几个羟基或醚键结构才能发挥其亲水性。

聚氧乙烯醚型非离子表面活性剂是非离子表面活性剂中最重要的一类产品，是用亲水基原料环氧乙烷与疏水基原料高级醇进行加成反应而制得的。由于在不同反应温度条件下，其反应机理不同。高碳醇（$C_{10} \sim C_{18}$）在碱催化剂（金属钠、甲醇钠、氢氧化钾、氢氧化钠等）存在下和环氧乙烷的反应，随反应温度不同而异。当反应温度在 130℃时，反应速率则按催化剂不同，而有如下顺序：烷基醇钾＞丁醇钠＞氢氧化钾＞烷基醇钠＞乙醇钠＞甲醇钠＞氢氧化钠。

月桂醇聚氧乙烯醚是聚氧乙烯醚型非离子表面活性剂中最重要的一种，它由 1mol 的月桂醇和 3～5mol 的环氧乙烷加成制得，反应方程式如下：

$$C_{12}H_{25}OH + nCH_2\text{—}CH_2 \longrightarrow C_{12}H_{25}\text{—}O\ (CH_2CH_2O)_n\text{—}H$$
$$\underset{O}{\diagdown\diagup}$$

【主要仪器和药品】

电动搅拌器、电热套、三口烧瓶、回流冷凝管、温度计、月桂醇、液体环氧乙烷、氢氧化钾、氮气。

【实验内容】

取 46.5g（0.25mol）月桂醇、0.2g 氢氧化钾加入装有搅拌器、回流冷凝管、通气管的 250mL 三口烧瓶中，将反应物加热至 120℃，通入氮气，置换空气。然后升温至 160℃，边搅拌边滴加 44g（1mol）液体环氧乙烷，控制反应温度在 160℃，环氧乙烷在 1h 内加完。保温反应 3h。冷却反应物至 80℃时放料，用冰醋酸中和至 pH 值为 6，再加入反应物质量分数为 1%的过氧化氢，保温 0.5h 后，室温出料即得产品。

【注意事项】

① 严格按照钢瓶使用方法使用氮气钢瓶。氮气通入量不要太大，以冷凝管口看不到气体为宜。

② 反应自身放热，注意控温。

【思考题】

① 非离子表面活性剂按化学结构可分为哪些类型？

② 脂肪醇聚氧乙烯醚类非离子表面活性剂有哪些主要性质？用作洗涤剂的根据是什么？

③ 本实验成败的关键是什么？

第三部分 黏 合 剂

3-1 塑料、纤维及织物的鉴别和塑料的粘接

一、塑料的简易鉴别和粘接

【实验目的】

① 掌握常用塑料的鉴别方法及粘接时的表面处理技术。

② 根据不同类型的塑料选择其适当的溶剂，练习用溶剂法粘接塑料制品的操作。

【实验原理】

① 各类塑料在燃烧时，其可燃程度、火焰颜色、气味、表面状态等都有所差异，可利用这些差异进行鉴别。

② 利用机械研磨、溶剂脱脂等方法可除去被粘物表面的水分、灰尘、油污等杂质，以提高表面活性，增加粘接效果。

③ 利用塑料在相应溶剂中的溶解性，可使被粘表面溶化后相连接，再经溶剂挥发而固化。

【实验用品】

铁板、烧杯、试管、酒精灯、细纱布、玻棒、滴管、干净棉花、各种塑料试片、氯化钠、乙醇、甲醇、四氢呋喃、氯仿、乙酸乙酯、氯化钙、环己酮、二氯甲烷、溶剂汽油、甲苯、苯酚、丙酮、甲酸。

【实验步骤】

① 将三种塑料制品（可让学生自带）用燃烧法、感官法、比重法进行鉴别。（常见几种塑料的燃烧、感官、相对密度特征见表 3-1～表 3-3）。

表 3-1 几种常见塑料的燃烧特征

塑料品种	耐热性	燃烧性	火焰及灰烬特点	表面状态	燃烧气味
软性聚氯乙烯	在 70℃ 以上发软变形，遇冷变硬、脆	难燃，离开火焰后不能继续燃烧	黄色火焰底部有绿色区，火焰可向四面喷射	燃烧部位软化，并有胶质下滴	有氯化氢气味
硬性聚氯乙烯	一般在 40～50℃ 下易软化变形	同上	黄色火焰底部有绿色区	软化，有黑烟并冒白雾	同上
聚乙烯	在 150℃ 以上才软化	易燃，离开火焰后能继续燃烧	火焰不明显，底部浅蓝色，顶部黄色	燃烧时熔融下滴似蜡烛	有燃烧蜡烛的气味
聚苯乙烯	在 60℃ 以上发软	同上	火焰呈橙黄色，并有浓厚黑烟	燃时软化，吹灭后可拉出长丝	有特殊的芳香气味

续表

塑料品种	耐热性	燃烧性	火焰及灰烬特点	表面状态	燃烧气味
醋酸纤维素	在50℃以上可弯曲变形	同上	火焰深黄色,底部带黄绿色,冒少量黑烟,有火花	燃烧处发软起泡淌滴	有醋酸气味
硝化纤维素	40℃以上变形,120℃以上自燃	燃烧迅速,离开火焰继续燃烧至尽	眩目白色火焰,火苗散发,余剩灰烬很少	迅速燃烧至尽	有似樟脑气味
尼龙(聚酰胺)	在80℃以上软化	易燃,离开火焰能继续燃烧	火焰底部蓝色,顶部浅黄色	燃烧部位发软、起泡、不淌滴	有水果芳香气味
酚醛树脂	硬脆,不软化	难燃,离火即灭	黄色火焰,有火星	燃时膨胀起裂	有碳酸气味
脲醛树脂	同上	同上	浅黄色火焰,上部为淡绿色	燃时膨胀起裂,燃烧部位变白	有甲醛和氨臭味

表 3-2   塑料的感官鉴别

塑料品种	外观	手感	声音
聚乙烯	本色乳白,半透明	蜡状没油腻感,质轻软,可弯曲	用手抖动声音发脆(膜)
聚丙烯	本色乳白,半透明,透明度较聚乙烯好	润滑,但无油腻感,表面硬度高	
聚氯乙烯	较透明	硬制品坚硬、平滑,软制品柔软略有弹性,表面较光滑,有些发黏,但无蜡状感	硬制品敲击不如聚苯乙烯清脆,薄膜用手抖动声音低沉
聚苯乙烯	有光泽,透明度较高,易着色,色彩晶亮	表面坚硬,易摔碎	敲击声音清脆,似金属
有机玻璃	透明度高,有光泽,着色制品较聚苯乙烯鲜艳	表面光滑,硬度较小易划痕	
聚酰胺(尼龙)	本色乳白,带黄	表面坚硬光滑,似牛角质	敲击声音不清脆
酚醛(电木)	多不透明,深色	表面坚硬,质脆易碎	敲击有木板声
脲醛(电玉)	光亮,色鲜艳,浅色	比电木坚硬	
赛璐珞	本色制品半透明	光亮,色鲜艳,浅色	比电木坚硬

表 3-3   塑料的相对密度

溶液种类	塑料制品种类	
	上 浮	沉 入
饱和食盐溶液	聚苯乙烯、ABS	聚氯乙烯
58.4%酒精溶液	聚丙烯	聚乙烯
氯化钙溶液	聚苯乙烯、ABS 有机玻璃、聚乙烯	氯乙烯、电木、电玉

注:饱和食盐溶液:食盐20g,加水74mL,于烧杯中,搅拌使溶。相对密度(25℃)1.19。

氯化钙溶液:氯化钙100g,加水150mL,于烧杯中搅拌使溶。相对密度(25℃)0.91。

58.4%酒精溶液:95%乙醇140mL,加水100mL,于烧杯中混合均匀。相对密度(25℃)0.91。

②对所需黏合或修补的塑料制品(可让学生自带)用相应的物理方法进行表面处理(塑料表面的物理处理方法见表3-4)。

表 3-4　常见塑料表面的物理处理方法

塑　料	处 理 方 法
醋酸纤维素、硝化纤维素、聚氯乙烯、聚苯乙烯、有机玻璃、聚碳酸酯、ABS 等	用细砂布打磨后,用甲醇或丙醇擦拭几次
聚乙烯、尼龙、聚氨酯、环氧树脂、酚醛树脂、脲醛树脂等	用细砂布打磨后,用丙酮或甲乙酮擦拭几次

③ 根据被粘塑料的种类,选择适当的溶剂(塑料与相应的溶剂见表 3-5)。

表 3-5　常见塑料与相应的溶剂

聚氯乙烯	丙酮、二氯甲烷、二氯乙烷、二甲苯、环己酮:四氢呋喃(20:80)
聚苯乙烯	苯、二甲苯、甲乙酮、乙酸乙酯、三氯乙烯
有机玻璃	甲酸、二氯乙烯、氯仿、甲基丙烯酸甲酯
尼龙	苯酚、间甲苯酚、间苯二酚乙醇溶液
纤维素	丙酮、醋酸甲酯、乙酸乙酯、丙酮:醋酸甲酯(7:3)
ABS	甲乙酮、四氢呋喃、二氯乙烷、甲苯:甲乙酮(1:1)

④ 用滴管或小玻棒蘸取少量溶剂涂于两黏合表面,注意溶剂不能太多,以免流下溶蚀非黏合部位。溶剂可反复涂抹几次,当表面完全溶化(可拉出丝状)后进行对接,对接时可稍加压力,观察接口表面溶剂挥发并有一定的黏合强度后,置于通风干燥处,数小时后溶剂完全挥发,干燥即可。

注:如黏合部位有较宽的空隙,则可先将少量被粘塑料碎末溶解于相应的溶剂中,制成浓稠状黏合剂进行填补和粘接。

二、纤维及织物的鉴别

【实验目的】

掌握常用的纤维及织物的鉴别方法。

【实验用品】

各种纤维或织物(小条)、火柴。

【实验步骤】

① 从织物中抽出几根单丝,观察是长丝还是短纤维。

如果是短纤维而且长短不一,就是棉花、羊毛等天然纤维。长短为 25mm,大致可确定是棉纤维。如果长短一致,就是人造纤维或合成纤维。

如果是长丝,可用舌尖将丝条润湿然后拉伸。在润湿处容易拉断的是黏胶纤维。不一定在润湿处拉断的是蚕丝。不论纤维干湿都不容易拉断的是锦纶、涤纶等合成纤维。

② 从织物中抽出几根单纤维,用火柴点燃。仔细观察火焰燃烧的情况:难易、火焰、烟和剩余实物的情况。对照表 3-6,即可大致作出判断。

表 3-6　纤维及织物的燃烧鉴别

品　名	燃烧方式	烟	火焰	嗅味	灰
棉	快	蓝	黄	似纸	少、末细软、浅色
麻	快	蓝	黄	似草	少、草灰状、灰白

品　名	燃烧方式	烟	火焰	嗅味	灰
丝	慢、缩成团			臭	易压碎、灰褐色球
毛	慢、起泡	黑	黄	毛发臭	多、脆、发光、黑色块
黏胶纤维	快		黄	似纸	少、灰白
醋酸纤维	慢、边熔化			似乙酸	黑色、有光泽块状
涤纶	慢、卷缩、熔		黄	香	黑硬、可捻碎
锦纶	慢、边熔化			芹菜香	浅褐、不易捻碎
维纶	迅速收缩		小、红	特臭	灰褐、可捻碎
腈纶	边卷缩、边熔化	黑	白亮	鱼腥	黑、球状
丙纶	卷缩、熔化			烧蜡	灰、硬块、可捻碎
氯纶	难燃、近火焰时收缩，离火即熄灭			氯的刺激嗅味	灰、不规则黑块

【思考题】

如两种不同类型的塑料黏合时，怎样选择其溶剂？

3-2　双酚 A 型低相对分子质量环氧树脂的制备

【实验目的】

① 学习并掌握双酚 A 型低相对分子质量环氧树脂的合成原理和合成方法。

② 掌握环氧树脂的固化原理，并掌握配制环氧树脂胶黏剂的方法。

【实验原理】

双酚 A 和环氧氯丙烷合成环氧树脂的反应，为逐步的聚合反应。一般认为它们在氢氧化钠存在的条件下会不断地进行环氧基开环和闭环的反应。反应式如下。

① 在碱催化下，环氧氯丙烷的环氧基与双酚 A 酚羟基反应，生成端基为氯化羟基的化合物——开环反应：

$$2\ CH_2\!-\!CH\!-\!CH_2\!-\!Cl +HO\!-\!R\!-\!OH \longrightarrow Cl\!-\!CH_2\!-\!CH\!-\!CH_2\!-\!O\!-\!R\!-\!O\!-\!CH_2\!-\!CH\!-\!CH_2\!-\!Cl$$

② 在氢氧化钠的作用下，脱 HCl 形成环氧基——闭环反应：

$$Cl\!-\!CH_2\!-\!CH\!-\!CH_2\!-\!O\!-\!R\!-\!O\!-\!CH_2\!-\!CH\!-\!CH_2\!-\!Cl +2NaOH \longrightarrow$$
$$CH_2\!-\!CH\!-\!CH_2\!-\!O\!-\!R\!-\!O\!-\!CH_2\!-\!CH\!-\!CH_2 +2NaCl+2H_2O$$

③ 新生成的环氧基再与双酚 A 酚羟基反应生成端羟基化合物——开环反应：

$$CH_2\!-\!CH\!-\!CH_2\!-\!O\!-\!R\!-\!O\!-\!CH_2\!-\!CH\!-\!CH_2 +HO\!-\!R\!-\!OH \xrightarrow{NaOH}$$
$$CH_2\!-\!CH\!-\!CH_2\!-\!O\!-\!R\!-\!O\!-\!CH_2\!-\!CH\!-\!CH_2\!-\!O\!-\!R\!-\!OH$$

④ 端羟基化合物与环氧氯丙烷作用，生成端氯化羟基化合物——开环反应：

⑤ 与 NaOH 反应，脱 HCl 再形成环氧基——闭环反应：

$$(n+1)HO-R-OH+(n+2)\ CH_2-CH-CH_2-Cl\ +(n+2)NaOH\longrightarrow$$

$$CH_2-CH-CH_2+O-R-O-CH_2-CH-CH_2+_nO-R-O-CH_2-CH-CH_2\ +(n+2)NaCl+(n+2)H_2O$$

此反应主要利用线型环氧树脂上两头的环氧基和胺上的活泼氢发生反应，从而使线型分子链交联起来。

【主要仪器和药品】

四口烧瓶（250mL）、球型冷凝管、直型冷凝管（300mm）、接液管、锥形瓶（250mL）、滴液漏斗（60mL）、分液漏斗（250mL）、温度计（0～200℃）、量筒（10mL）、移液管（2mL、15mL）、碱式滴定管（50mL）、烧杯（50mL、1000mL）、电热套、电动搅拌机、托盘天平、分馏烧瓶（200mL）。

双酚A、环氧氯丙烷、氢氧化钠、苯、盐酸、丙酮、标准氢氧化钠溶液（0.1mol/L）、乙醇、酚酞（0.1%）。

【实验内容】

1. 环氧树脂的合成

将 22.8g 双酚A和 28g 环氧氯丙烷加入三口烧瓶中，加热并搅拌，待温度升到 60～70℃时，保温 30min，使双酚A全部溶解。然后用滴液漏斗滴加碱液（将 8g 氢氧化钠溶于 60mL 水中），开始要慢滴，以防止反应物局部浓度太大而形成固体，难以分散。此时温度不断升高，可暂撤电热套，再调节滴加 NaOH 溶液的速度，控制瓶内温度为 70℃左右。滴加过程约在 40min 内完成。在 70～75℃下回流 2h，此时液体呈黄色。加入 30mL 水和 60mL 苯，搅拌均匀，倒入分液漏斗，静置分层后，分去下层水液，再重复加入 30mL 水和 60mL 苯洗涤有机物一次。最后用 60～70℃水再洗一次。将上层有机物倒入分馏烧瓶中，加热蒸馏除去溶剂和未反应完的单体，控制蒸馏的最终温度为 120℃，最后得到淡棕色黏稠树脂。所得树脂倒入已称重的小烧杯中，于（110±2）℃的烘箱中烘 2～4h，称重，计算产率。

2. 环氧值的测定

环氧值定义为 100g 树脂中所含环氧值的摩尔数。相对分子质量越高，环氧基团间的分子链也越长，环氧值就越低。一般低相对分子质量树脂的环氧值为 0.50～0.57。本实验采用盐酸-丙酮法测定环氧值。反应式为：

$$\sim\sim\sim CH_2-CH_2 + CH_3-C-CH_3 +HCl\longrightarrow \sim\sim\sim CH_2-CH_2 + CH_3-C-CH_3$$

用移液管将密度为 1.19 的 1.6mL 浓盐酸转入 100mL 的容量瓶中，以丙酮稀释至刻度，配制成 0.2mol/L 的盐酸丙酮溶液（现用现配，不需标定）。

① 在锥形瓶中称取 0.3～0.5g 样品，准确吸取 15mL 盐酸丙酮溶液。将锥形瓶盖好，放在阴凉处（约 15℃的环境中）静置 1h。然后加入两滴酚酞指示剂，用 0.1mol/L 的标准 NaOH 溶液滴定至粉红色，做平行试验，并做空白对比。

② 按下式计算环氧值：

$$环氧值 = \frac{(V_1 - V_2)M_{NaOH}}{m} \times \frac{100}{1000}$$

式中　M_{NaOH}——NaOH 溶液的物质的量浓度，mol/L；

　　　　V_1——对照实验消耗的 NaOH 体积，mL；

　　　　V_2——试样消耗的 NaOH 体积，mL；

　　　　m——样品质量，g。

【注意事项】

NaOH 溶液的滴加速度要缓慢，以防局部过量而结块。

【思考题】

① 环氧树脂合成用什么催化剂？催化剂加入的快慢对合成有无影响？

② 合成后环氧树脂为什么要分馏？分馏控制在什么温度？

3-3　玻璃水槽的粘接

【实验目的】

① 掌握使用洗涤剂或溶剂对玻璃表面进行表面处理的方法。

② 掌握环氧树脂黏合剂的调制并制作一玻璃水槽。

【实验原理】

① 利用洗涤剂或有机溶剂可将玻璃黏合面上的污垢或油脂清除，以提高粘接效果。

② 环氧树脂是分子中含有环氧基（ 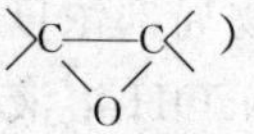 ）的一类线型树脂。当它遇到含有活泼氢

的化合物（如胺类）时，环氧基会与之产生加成而交联，最终形成具有体型结构的固态，即体现出黏合的性能。用胺作固化剂，固化的过程可表示为以下几个阶段。

第一阶段：

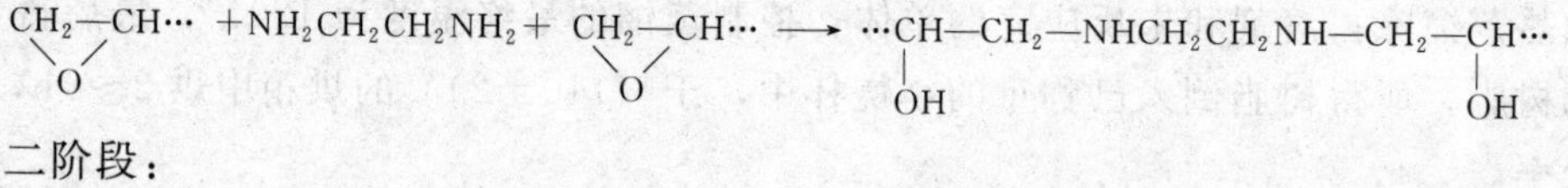

$$CH_2-CH\cdots + NH_2CH_2CH_2NH_2 + CH_2-CH\cdots \longrightarrow \cdots CH-CH_2-NHCH_2CH_2NH-CH_2-CH\cdots$$

第二阶段：

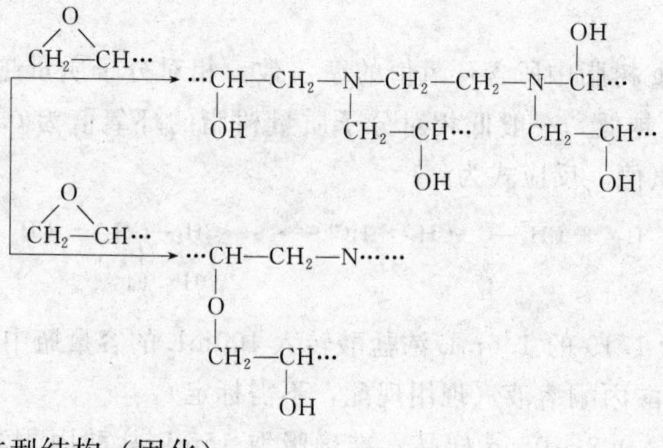

进一步交联——→体型结构（固化）

胺类固化剂用量与环氧树脂用量关系式：

$$x = \frac{环氧值 \times 胺分子量}{胺中活泼氢的个数}$$

式中　x——每 100g 环氧树脂所需胺的质量，g。

加入稀释剂、增塑剂、填料等可对黏合剂的性能进行改造，以满足其实际需要。

【实验用品】

酒精灯、小蒸发皿、细砂布、干净棉花、玻棒、台秤、量筒、滴管、玻璃片、玻璃刀、水浴锅、E-44 环氧树脂（或用实验 3-2 的产品）、邻苯二甲酸二丁酯、石膏粉、滑石粉、乙二胺、丙酮、酒精、三氯甲烷、乙酸乙酯、中性洗涤剂。

【实验步骤】

1. 制法

① 自行设计一玻璃水槽，并用玻璃刀割好玻璃片。

② 用细砂布蘸中性洗涤剂轻轻擦洗玻璃的黏合表面（如有油污时可用丙酮先进行脱脂），再用蒸馏水洗净，室温干燥。

③ 按黏合剂配方比例，先将环氧树脂加入小蒸发皿内，置于 50～60℃ 水浴上使其黏度变小，加入邻苯二甲酸二丁酯，用玻棒搅匀。再加入石膏粉和滑石粉搅匀，最后将固化剂乙二胺逐滴加入，迅速搅动 3～5min（放热过多时可置于冷水中降温），使其充分混匀后即可使用。

2. 黏合剂配方（g）

E-44	100	邻苯二甲酸二丁酯	10
石膏粉	5	滑石粉	15
乙二胺	7		

用玻棒将黏合剂均匀地涂于两黏合面上，对接后放置 24h 固化即可（必要时在水槽拐角处可用铁皮加固）。

3. 说明

① 黏合剂应按需要量随用随配，放置后会自行固化。

② 在黏合剂未固化前，其黏合部位不能受力。

③ 调制黏合剂的用具应立即用酒精、三氯甲烷、乙酸乙酯等擦洗干净，手上如沾有黏合剂也应及时用蘸有酒精、三氯甲烷、乙酸乙酯等的棉花或废纸揩去。

【思考题】

① 在环氧树脂黏合剂中加入邻苯二甲酸二丁酯的作用是什么？加入量的多少与其黏合剂的性能有何影响？

② 为什么环氧树脂黏合剂中乙二胺的用量需要准确称量？

3-4　热固性酚醛树脂黏合剂的制备

【实验目的】

① 掌握热固性酚醛树脂的制备原理和工艺过程。

② 练习用酚醛树脂黏合剂粘修木器的操作。

【实验原理】

苯酚与甲醛在碱性催化剂（氨水、氢氧化钠等）存在下，首先在酚的苯环上引入羟甲基，然后脱水聚合，形成通过亚甲基桥键连起来的线型（或低支链度）聚合物：

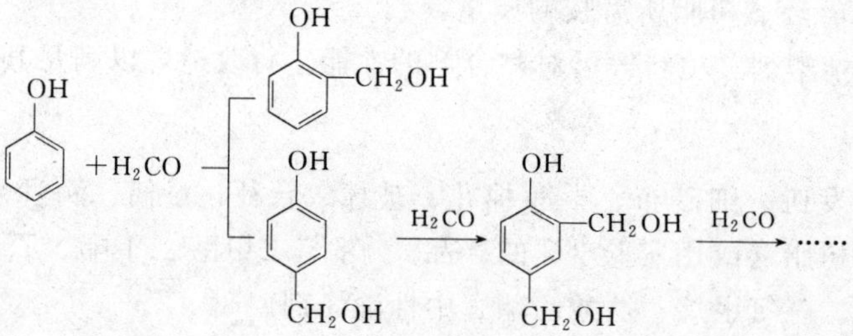

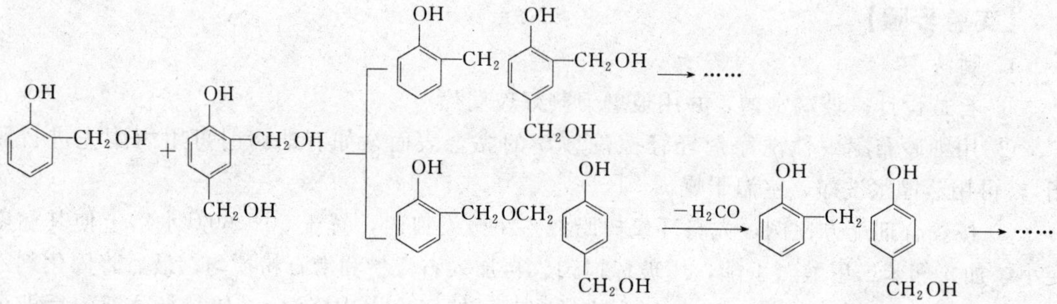

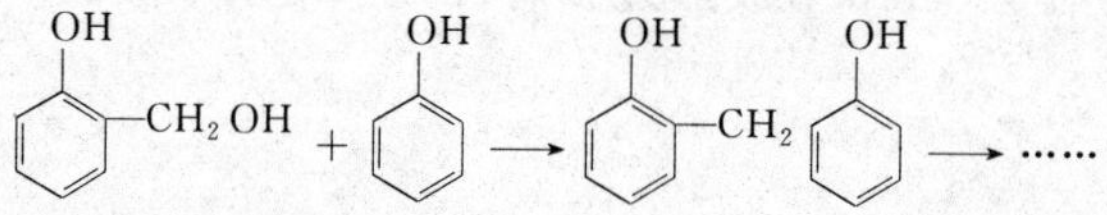

由于该树脂中还含有未反应的活性基团（—CH₂OH），可通过加热或加入酸性催化剂进一步缩合，最终形成网状的体型结构，即体现出黏合性能。酚醛黏合剂主要用于木材黏合，因此在木材加工工业中得到了广泛的使用。

【实验用品】

电炉、台秤、烧杯、搅拌器、铁架台、温度计、水浴锅、苯酚、甲醛、氢氧化钠、涂-4# 黏度计。

【实验步骤】

一、热固性酚醛树脂的制备

1. 配方（质量份）

苯酚　100　　　氢氧化钠（45%）　　25　　　甲醛（37%）　　130　　　水　　45

2. 制法

① 在烧杯中加入苯酚 100g，45%氢氧化钠溶液 25g，水 45g，开启搅拌器，并用水浴加热至 42～45℃，保温 20min。

② 在半小时内将 104g 甲醛溶液缓慢地加入烧杯内，并使温度在 1.5h 内均匀升高到 87℃，再于 25min 内使反应物温度升到 95℃，并在此温度下保温 20min。

③ 将反应物在约半小时内冷却至 82℃，再将剩余的 26g 甲醛加入，保温反应 15min，然后在半小时内把温度升至 92℃继续反应。

④ 反应约 20min 后取样测定黏度，当用玻棒蘸起能拉出丝时，快速降温至 25～30℃，即可出料。

3. 说明

① 反应过程中温度的升降应均匀缓慢，以控制其各步骤的聚合速度，得到分子量分布

均匀的树脂。故可采用水浴加热的方法。

② 该产品为深棕色透明黏稠状液体，黏度为涂-4$^\#$黏度计 20～30s（25℃），游离酚含量<2.5%，固体含量 45%～50%。

二、热固性酚醛树脂黏合剂的使用

① 将需黏合木材的两黏合表面用砂皮擦净污迹并打毛。

② 将酚树脂黏合剂均匀涂于两黏合表面，对接并稍加压力，于 150～160℃下固化 2～3h 即可。

③ 酚醛树脂也可加酸在室温固化，固化剂可选苯磺酸，用量为 10%。

【思考题】

① 为什么在缩合反应中，甲醛应分批加入？

② 当聚合反应使产品达到一定黏度要求后，为什么需要快速降温？

③ 苯酚与甲醛的摩尔比大小与聚合反应的速度和树脂性能有何影响？

3-5 聚醋酸乙烯乳液的制备

【实验目的】

① 掌握乳液聚合的制备原理和乳液聚合的方法。

② 练习聚醋酸乙烯乳液的制备操作。

【实验原理】

聚醋酸乙烯及其共聚物在热塑性高分子黏合剂和涂料中占有重要的地位。可由本体聚合、溶液聚合和乳液聚合等方法制备。乳液聚合制备的聚醋酸乙烯乳胶，性能优异，成本低而且无毒，使用方便，被广泛用作黏合剂和建筑涂料。

醋酸乙烯是无色透明液体，沸点 72℃，在没有引发剂存在时相当稳定，在自由基引发剂作用下容易发生聚合：

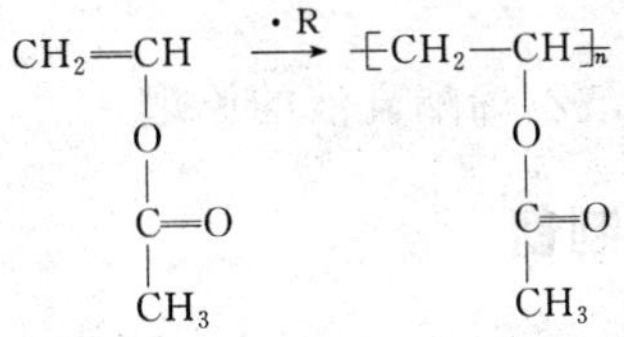

乳液聚合是在乳化剂作用下，将单体分散在介质中形成乳液，用水溶性引发剂引发进行的聚合反应。乳液聚合的主要组分是单体、水、乳化剂和引发剂。乳化剂的作用是：降低表面张力，使单体分散成细小的液滴，在液滴表面形成保护层，防止凝聚，使乳液稳定；形成胶束，增溶单体。聚合反应主要在增溶胶束内进行，常用的乳化剂是水包油型的阴离子表面活性剂，如十二烷基硫酸钠、烷基苯磺酸钠等，用量一般为单体的0.5%～2%。分散介质往往用水，水和单体的质量比为（70：39）～（40：60）。聚合后得到的乳液为白色黏稠液体。根据需要调整乳液的黏度和固体含量，配以适当的填料可作涂料和黏合剂使用。

【实验用品】

醋酸乙烯、聚乙烯醇、OP-10、过硫酸铵、碳酸氢钠、邻苯二甲酸二丁酯、250mL 三口烧瓶、滴液漏斗、冷凝管、温度计、电动搅拌器、电炉、水浴锅等。

【实验步骤】

1. 配方

醋酸乙烯	44g	OP-10	0.5g	去离子水	38g
聚乙烯醇	3g	过硫酸铵	0.3g	碳酸氢钠（5%）	2～4mL
邻苯二甲酸二丁酯	5g				

2. 制法

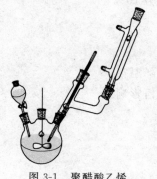

① 如图 3-1 所示，在三口烧瓶中装有温度计和搅拌器，将去离子水 38g、聚乙烯醇 3g 加入三口烧瓶，开动搅拌器，加热升温至 95℃ 以上，直至聚乙烯醇完全溶解，冷却备用。

② 在聚乙烯醇溶液中加入 OP-10，在 60℃ 下搅拌 20min，称取 10g 醋酸乙烯，边搅拌边加入三口烧瓶中，再加入 5% 过硫酸铵溶液 2mL。将温度升至 65～75℃，在此温度下引发聚合，直至从冷凝器观察到回流基本消失。

③ 用滴液漏斗慢慢滴加剩余单体，同时分别加入剩下的过硫酸铵溶液，3～4h 全部滴加完毕。温度保持（75±5）℃。加料完毕后，缓慢升温至 80～85℃，直至无回流为止（此升温过程不宜太快，需 0.5～1h）。

图 3-1　聚醋酸乙烯乳液制备装置

④ 冷却反应物至 50℃，用 5% 的碳酸氢钠溶液将乳液 pH 值调至 5～6；加入邻苯二甲酸二丁酯搅拌均匀，即可出料。

⑤ 选择适当的被粘物，如木板、纸板、布匹等做黏合试验并检测其黏合温度。

【思考题】

① 乳化剂在乳液聚合中的作用是什么？

② 乳化剂的性质和用量对乳液聚合有何影响？

③ 最后为什么要调节 pH 值？

④ 试分析用丙烯酸改性聚醋酸乙烯酯乳液的原理。

3-6　脲醛树脂黏合剂的制备

【实验目的】

① 掌握脲醛树脂的制备原理及工艺过程。

② 掌握脲醛树脂黏合剂的调制和使用方法。

【实验原理】

脲醛树脂是由脲素与甲醛在一定条件下缩聚而成，再用固化剂调制而成的黏合剂对竹、木及天然纤维均有良好的粘接性能。

脲醛树脂的合成反应极为复杂，一般可认为先是由脲素与甲醛在弱碱性介质中发生加成反应，生成一羟甲基脲和二羟甲基脲：

反应混合物中的羟甲基脲进一步与尿素缩合或相互缩合，最终生成具有一定分子量的线型和低交联度的缩聚物，即为脲醛树脂：

$$H_2N-\overset{\overset{\displaystyle C}{\|}}{C}-NH_2 + H_2N-\overset{\overset{\displaystyle C}{\|}}{C}-NHCH_2OH + HOCH_2NH-\overset{\overset{\displaystyle C}{\|}}{C}-NHCH_2OH \xrightarrow{-H_2O}$$

$$H_2N-\overset{\overset{\displaystyle C}{\|}}{C}-NH-CH_2[N-\overset{\overset{\displaystyle C}{\|}}{C}-N-CH_2]_n NH-\overset{\overset{\displaystyle C}{\|}}{C}-NH-CH_2OH$$

脲醛树脂中还存在着亚氨基和羟甲基，它在酸性介质作用下，可进一步缩合，最终形成体型交联结构，这就是脲醛树脂的固化。脲醛树脂常用的固化剂为氯化铵，它加入液体脲醛树脂中后，与游离的甲醛发生如下反应而产生使树脂固化的酸性条件：

$$4NH_4Cl + 6CH_2O \longrightarrow (CH_2)_6N_4 + 4HCl + 6H_2O$$

脲醛树脂黏合剂的原料来源丰富，生产工艺和设备简单，成本低，最适用于竹木的黏合。

【实验用品】

台秤、电炉、搅拌器、温度计、水浴锅、烧杯、铁架台、涂-4#黏度计、pH试纸、尿素、甲醛、氢氧化钠、氯化铵。

【实验步骤】

一、脲醛树脂的制备

1. 配方（质量份）

尿素（98%）	100	甲醛（37%）	250
氢氧化钠（30%）	适量	氯化铵（20%）	适量
氯化铵（s）	适量		

2. 制法

① 将甲醛溶液加入到 500mL 烧杯中，用氢氧化钠调节溶液 pH 值为 7.5～8.0。

② 慢慢将第一批脲素（75g）加入到烧杯中，同时开动搅拌器，水溶加热使溶液于 30～40min 内均匀升温至 90～95℃，保温反应 30min。

③ 慢慢加入第二批尿素（25g），保温反应 15min，此期间溶液的 pH 值会有所降低，用氯化铵溶液调节 pH 值为 5.0，仍保持 90～95℃ 进行缩聚反应，时间为 1～2h。

④ 取样测其黏度达（涂-4#黏度计，25℃）10～15s 后，立即滴加氢氧化钠溶液进行中和，使 pH 值达 7.0～7.5。

⑤ 继续保持 90～95℃ 脱水约 1h，检验产品黏度达到（涂-4#黏度计，25℃）25～30s 的要求后，冷却出料，密封于玻璃瓶中。

二、脲醛树脂黏合剂的使用

1. 方法

① 将需黏合木材的两黏合面用砂皮擦净污迹并打毛。

② 于脲醛树脂中加入适量氯化铵固体，充分搅拌溶解后均匀地涂于两黏合表面，对接并稍加压力，于室温下放置 12h 以上即可。

2. 说明

① 在进行加成时，用氢氧化钠调节 pH 值不应超过 8～9，以防止甲醛发生 Cannizzaro 反应。

② 加入尿素时应缓慢，否则由于尿素溶解吸热而使温度降低太多，影响反应的进行和

产品质量。

③ 反应开始时升温不能太快，pH 值在反应过程中不能低于 4，否则树脂的黏度会骤增，出现冻胶。如果出现此现象，可采取降温、调节 pH 值、适当加入一些甲醛水溶液等方法使其黏度降低。

④ 树脂最后达到的黏度也可由以下简单方法确定：用玻棒取反应溶液，当最后两滴能下落拉出短丝时即可。

⑤ 固化剂氯化铵用量因季节不同而异，通常春秋为 1.5%～2.0%，冬为 2.0%～2.5%，夏为 1%～1.5%。适当加热可提高其粘接性能。

【思考题】

① 在脲醛树脂的制备过程中，几次对溶液的 pH 值进行调节的目的是什么？

② 反应过程中的尿素分批加入的原因是什么？

③ 用氯化铵作为尿醛树脂的固化剂，其固化原理是什么？

3-7 日用黏合剂的制备

【实验目的】

① 掌握常用黏合剂的配方原理。

② 了解黏合剂配制过程及使用方法。

一、红薯淀粉胶

本品主要用于木材、胶合板、印刷制版等。

1. 配方

红薯淀粉	320g	碳酸氢钠	0.65g	水	500g
10%NaOH	140g	10%双氧水	10mL		

2. 制法

按上述配方量将其混合，适当加热、搅拌，直至成糊即可。

二、化学糨糊

利用淀粉或面粉本身具黏合性，同时加入防腐剂、防霉、防冻剂等，可长期保存使用。

1. 配方（质量份）

淀粉（或面粉）	100	明矾	4	石炭酸	2
甘油	4	香精	少量	水	400

2. 制作

先将明矾加少量水溶解，滤去杂质。再将淀粉、石炭酸加入明矾中，充分调匀。用沸水一半冲入，用力搅拌至无颗粒为止。然后加入余下的沸水，充分搅匀。待冷却至 50℃ 以下，加入甘油和香精，混匀即成。

三、瓶口封帽胶

该胶应用于酒瓶、酱油瓶及其他饮料瓶的封口。

1. 配方（g）

甘油	28	水	320	骨胶	170

2. 制法

先将甘油与水混合，然后把骨胶浸入甘油和水的混合溶液中，再置于隔水锅中加热，使之溶解，最后加入适当的染料搅拌均匀，制成后，贮于广口瓶中备用。

3. 说明

使用时再熔化成液体，将带塞子的瓶口浸入其中，取出后此胶液立即干固成为一层帽胶。

四、农用喷雾器修补胶

此胶黏合强度大，胶层收缩性能和机械性能都比较好，而且有一定的耐酸、耐碱和耐溶剂浸蚀的能力，适用于修补农用喷雾器。此外，配制该胶用的原料充足，成本低，很适合于农村调制使用。

1. 配方（g）

E-44 环氧树脂	100	酚醛树脂	60	邻苯二甲酸二丁酯	15
丙酮或酒精	25	苯二甲胺	约 20		

2. 修补工艺

按配方计量后，把环氧树脂与酚醛树脂混合拌匀，加入邻苯二甲酸二丁酯和丙酮，搅拌混匀，再加入苯二甲胺混匀后即可使用。

粘接前，先把待修补的表面洗刷干净。干燥后，用刷子涂胶，晾置一定时间后覆盖玻璃布（脱脂处理过的），再刷几次，于室温固化 24h 即可。

第四部分 涂 料

4-1 聚醋酸乙烯酯乳胶涂料的制备

涂料是一种涂覆在物体表面上起到保护、装饰、标志和其他特殊用途的物质。因此组成比较复杂，除成膜物质外，还需加入颜料、填料、催干剂、防霉剂、增稠剂、分散剂等多种助剂，才能满足使用要求。

【实验目的】

了解涂料制备的一般程序，掌握乳胶涂料的制备方法。

【实验原理】

乳胶涂料的成膜物质是乳液中的聚合物胶粒，当涂刷在物体表面时，水分逐渐蒸发，乳胶粒相互挤压、破裂而形成连续的膜。为使涂料有足够的遮盖力、有需要的色彩、涂膜均匀、便于施工等，必须加入各种填料、颜料等多种助剂。

【实验用品】

聚醋酸乙烯乳液（自制见实验3-5）、滑石粉、钛白粉、轻质碳酸钙、偏六磷酸钠、丙二醇、色浆、磷酸三丁酯、高速搅拌器、砂磨机、搪瓷杯。

【实验步骤】

1. 配方

聚醋酸乙烯乳液（固体含量45%）			100g
滑石粉	8g	钛白粉	18g
去离子水	20mL	轻质碳酸钙	6g
丙二醇	2.5g	磷酸三丁酯	0.3g
偏六磷酸钠（10%）	5mL	色浆	适量

2. 色浆的配制

取固体含量45%的聚醋酸乙烯乳液适量，加入约相当于其质量30%的颜料，一并放入砂磨机进行研磨，同时需加入少量水，以便于砂磨。研磨时间一般为2～3h，以达到规定细度。市场也有各种制好的色浆出售。

3. 乳胶涂料的配制

把去离子水、偏六磷酸钠水溶液和丙二醇按所需量加入搪瓷杯中，开动高速搅拌器逐渐加入规定量的钛白粉、滑石粉和轻质碳酸钙。分散均匀后，加入磷酸三丁酯，然后再加入聚醋酸乙烯乳液搅拌均匀。

将上述高速搅拌器混合后的物质倒入砂磨机中，研磨2h以上，即得白色涂料成品。若在上述涂料中，加入适量的色浆，搅拌和砂磨，即可得到彩色涂料。

4. 涂料性能检测

用涂-4#杯测乳液涂料的黏度，干燥后测其涂料性能，涂-4#黏度计，25～30s，25℃。

用制得的涂料刷样板，干燥后检测其涂料性能。

【思考题】

① 制备涂料时，为什么需要较长时间的研磨？

② 乳胶涂料有什么特点？配制这类涂料时应注意哪些问题？

4-2 107#外墙涂料的制备

【实验目的】

掌握 107# 胶水的制备和 107# 外墙涂料的制备方法。

【实验原理】

107# 胶水，学名为聚乙烯醇缩甲醛，它是由聚乙烯醇在酸性催化剂存在的条件下与甲醛反应而成的：

$$\begin{matrix} -CH_2-CH-CH=CH- \\ | \\ OH \end{matrix}_n + H_2CO \xrightarrow{H^+} \begin{matrix} -CH_2-CH-CH_2-CH- \\ | \quad\quad\quad | \\ O-CH_2-O \end{matrix}_n$$

107# 外墙涂料是由聚乙烯醇（固体）的水溶液和甲醛在 H^+ 存在的条件下，在聚乙烯醇一个大分子内某些单节内部进行的缩聚反应，即在聚乙烯醇的大分子中，插入小分子甲醛，聚乙烯醇和甲醛的物质的量之比不同，得到的高分子聚乙烯醇缩甲醛的分子量也不同，分子量小时，形成的高分子易溶于水，分子量大时，得到的高分子化合物难溶于水，因此，控制其缩聚程度可获得溶于热水而冷却后不析出凝胶，干后又不溶于冷水的产品——107# 胶水，学名为聚乙烯醇缩甲醛。

在 107# 胶水中加入颜料、填料、消泡剂、防沉剂等进行混合研磨就可制得性能优良的外墙涂料。

【实验用品】

聚乙烯醇、甲醛、盐酸、氢氧化钠、钛白粉、立德粉、滑石粉、轻质碳酸钙、消泡剂、防沉剂、色浆、水浴锅、搅拌器、电炉、温度计、烧杯、砂磨、pH 试纸、涂-4# 黏度计。

【实验步骤】

1. 107# 胶水的制作

（1）配方（质量份）

原料名称	规格	用量
聚乙烯醇	97％～98％工业用	100
甲醛	37％	45
盐酸	36％	7～11
氢氧化钠	30％	适量
水		1000

（2）制作

按上述配方将水加入烧杯中，启动搅拌器，缓慢加入聚乙烯醇，并逐步升温使温度达 80～90℃，聚乙烯醇完全溶解后，在此温度下滴加盐酸，使 pH 值达到 2。再将甲醛加入，滴加时间为 20min，加完后继续反应 30min，停止加热，反应即达终点。

当温度降到60℃时，在搅拌情况下滴加氢氧化钠溶液，使pH值达7～7.5，滴加时间为20min。取样测其黏度为30～40s（涂-4#黏度计，25℃）。即得无色透明的胶状液体——107#胶水。

2. 涂料配制

（1）配方（质量份）

原料名称	规格	用量
107#胶水	黏度30～40s	100
钛白粉	300目	2.85
立德粉	300目	5.70
轻质碳酸钙	300目	30
滑石粉	300目	5.70
磷酸三丁酯		0.20
OP-10		0.20
色浆		适量

（2）制备

按配方将原料加入烧杯，启动搅拌器，搅拌均匀，装入砂磨机中研磨1～2h，即可出料。

3. 施工方法

107#外墙涂料附着力强，耐水性好。水泡不掉皮，施工极为方便，大面积可采用喷涂，小面积可刷涂，每千克涂料可涂刷一般墙面3～4m²，最后再涂一道防水剂。该涂料在4℃以上均可贮存和施工，包装用塑料桶或木桶内衬塑料薄膜，不宜与铁器接触。

【思考题】

① 在107#胶水的制作过程中加入NaOH的作用是什么？

② 107#外墙涂料的干燥机理是什么？

③ 涂料配方中加入磷酸三丁酯、OP-10的作用是什么？

④ 实验中哪步条件未控制好，就会出现凝胶现象，应怎样控制条件？

4-3 苯丙乳液的制备

【实验目的】

① 理解乳液聚合原理。

② 掌握苯丙乳液的制备方法。

【实验原理】

单体是形成聚合物的基础，决定乳液产品的物理、化学及机械性能。合成苯丙乳液的共聚单体为苯乙烯、甲基丙烯酸甲酯、丙烯酸丁酯、丙烯酸，它们进行四元乳液共聚，合成苯丙乳液。用过硫酸钾作为聚合引发剂，采用阴离子型十二烷基硫酸钠和非离子型OP-10的混合乳化剂。聚合工艺采用单体预乳化法，并连续滴加预乳化单体和引发剂溶液。

【实验用品】

四口烧瓶、球形冷凝管、滴液漏斗（两支）、Y形管、电动搅拌装置、温度计、恒温水浴。苯乙烯、甲基丙烯酸甲酯、丙烯酸丁酯、丙烯酸、OP-10、十二烷基硫酸钠、过硫酸钾、氨水、碳酸氢钠。

【实验步骤】

1. 单体预乳体

在 500mL 圆底烧瓶中，加入 100mL 水、1.5g 碳酸氢钠、3.4g 十二烷基硫酸钠、3.4g OP-10，搅拌溶解后再依次加入 2.7g（2.7mL）丙烯酸、12.7g（13.2mL）甲基丙烯酸甲酯、27.5g（13.1mL）丙烯酸丁酯、28.3g（31.4mL）苯乙烯，室温下搅拌乳化 30min。

2. 聚合

① 称取 1.5g 过硫酸钾于锥形瓶中，用 30mL 水溶解配成引发剂溶液，置于冰箱中备用。

② 在如图 4-1 所示的装置中，在四口烧瓶中加入 40mL 单体预乳化液，搅拌并升温至 78℃后加入 8mL 引发剂溶液，约 20min 滴完。

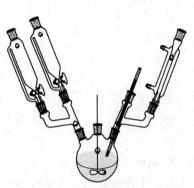

③ 同时分别滴加剩余的单体预乳化液和 14mL 引发剂溶液，2.5h 滴完。

④ 在 30min 内滴完剩余的 8mL 引发剂溶液。

⑤ 缓慢升温至 60℃，保温反应 1h。

⑥ 冷却反应液至 60℃，加氨水调 pH 值至 8，出料。

图 4-1 苯丙乳液
的制备装置

3. 性能测定

（1）固含量测定

准确称量干净的称量瓶，加入约 2g（准确至 1mg）乳液，再准确称量后，于 110℃烘箱中烘约 2h，取出放入干燥器中冷却至室温后再准确称重。

（2）化学稳定性测定

在 20mL 的刻度试管中，加入 16mL 乳液，再加 4mL 5% $CaCl_2$ 溶液，摇匀，静置 48h，若不出现凝胶，且无分层现象，则化学稳定性合格。若有分层现象，量取上层清液和下层沉淀高度，清液和沉淀高度越高，则钙离子稳定性越差。

【实验数据和记录】

1. 实验记录

苯丙乳液外观：＿＿＿＿＿＿＿＿＿＿＿＿＿＿＿＿＿＿＿＿＿＿。称量瓶质量：＿＿＿＿＿＿＿＿＿g；烘干前（称量瓶＋样品）的质量：＿＿＿＿＿＿＿g；烘干后（称量瓶＋样品）的质量：＿＿＿＿＿＿g。是否出现絮凝、破乳现象：＿＿＿＿＿＿＿。

2. 数据处理

$$固体含量 = \frac{干燥后样品质量}{干燥前样品质量} \times 100\%$$

【安全与环保】

丙烯酸为有刺激性辛辣气味的无色液体，有腐蚀性，酸性较强，实验时注意正确操作。

【思考题】

① 在乳液聚合过程中，为什么要控制单体和引发剂的滴加速度？

② 影响乳液稳定的因素有哪些？如何控制？

4-4　无机涂料的制备

【实验目的】

了解无机涂料的配方原理，掌握配制方法及使用方法。

【实验原理】

本制品中以硅溶胶为基础，再添加各种金属氧化物的无机涂料，用它涂抹于各种金属、玻璃和陶器表面，干燥后可形成连续膜，而且密着性好，干燥温度低。

1. 配方（质量份）

	I	II
硅溶胶	100	100
氧化钾	2	4
氧化锂	0.5	0.7
氧化锌	0.1	0.1
氧化钙	0.2	
氧化铅	0.2	0.1
氧化镁		0.1

2. 制法

首先将硅溶胶加入反应器中，然后加入氧化钠或氧化钾、氧化锂中 1 种或 1 种以上的碱金属氧化物，再加入氧化锌或氧化铅、氧化钙、氧化镁中 1 种或 1 种以上的氧化物，边加料边搅拌，然后慢慢加热至 70～80℃，开始反应，系统 pH 值为 10～12。反应液在反应初期呈白色混浊状，随反应的进行逐渐透明，大约反应 70h，所得反应生成物为无色或荧光色的透明胶。这种制得的涂料涂布后，加热至 150～160℃，大约 20min，即可干燥。如加入颜料可得有颜色的涂膜。

颜料配方见实验 4-5。

4-5　各种颜料的制备

【实验目的】

了解涂料中颜料的配方原理，掌握配制方法及使用方法。

【实验原理】

涂料颜色种数很多，其颜色来源于颜料，选用适当的颜料和恰当的配方，即可得到所需的颜色。这里介绍常用的数种颜料以及数十种调色的配方。

一、单色

1. 白色颜料

钛白粉（TiO_2）、立德粉（ZnS 和 $BaSO_4$ 的混合白色颜料，一般含 $ZnSO_4$ 28%～30%）、锌白（ZnO）、铅白 [$Pb_4(OH)_2CO_3$]、锑白（Sb_2O_3）。

2. 黄色颜料

铬黄（含铬酸铅，又称铅铬黄），锌黄（含铬酸锌，又称锌铬黄），镉黄（含硫化镉和硫酸钡），铁黄（晶形氧化铁水合物），汉沙黄（乙酰苯胺与硝基苯胺类的衍生物，又称耐晒黄）。

3. 绿色颜料

铬绿（铬黄和铁蓝的混合物，又称铅铬绿），耐晒绿，氧化铬绿，酞菁绿。

4. 棕色颜料

铁棕（氧化铁红和氧化铁黑混合物）。

5. 红色颜料

镉红（硫化镉、硒化镉和硫酸钡所组成），铁红（即氧化铁红、三氧化二铁、钼铬红、大红粉、耐晒红、甲苯胺红、立索尔红）。

6. 蓝色颜料

铁蓝（主要含亚铁氰化铁、又称华蓝，普鲁士蓝），钴蓝（主要含铝酸钴），群青（又称云青、洋蓝），酞菁蓝。

7. 黑色颜料

铁黑（又称氧化铁黑，主要成分是四氧化三铁），石墨，炭黑，松烟。

二、调色配方（质量份）

1. 白色

锌白 100，群青 0.6～0.8。

2. 象牙色

锌白 100，浅铬黄 0.5。

3. 黄象牙色

锌白 100，中铬黄 0.80。

4. 深奶色

锌白 100，中铬黄 5，铁红适量。

5. 浅奶油色

锌白 100，中铬黄 0.9～1.0，铁红适量。

6. 米色

锌白 100，中铬黄 1.1，铁红土 0.18，松烟 0.27。

7. 石色

锌白 100，中铬黄 3.33，铁黄土 3.33，炭黑 0.01。

8. 浅石色

锌白 100，铁黄土 4，铁红土 0.8。

9. 深石色

锌白 100，中铬黄 1.45，铁黄土 2.6。

10. 牛皮色

锌白 100，中铬黄 16，赭黄土 16。

11. 浅牛皮色

锌白 100，中铬黄 2，赭黄土 2。

12. 深牛皮色

锌白 100，中铬黄 100，铁红土 76。

13. 桅杆色

锌白 100，赭黄土 25，铁红土适量。

14. 淡褐色

锌白 100，中铬黄 17，铁红土 0.9，炭黑 0.2。

15. 淡棕色

锌白 100，中铬黄 116，铁红土 153.5。

16. 淡土黄色

锌白 100，中铬黄 5，铁红土 2。

17. 黄棕色

中铬黄 100，铁红土 76.4。

18. 棕黄色

中铬黄 100，铁红土 33.2，松烟 1.7，锌钡白 6.8。

19. 赭石色

中铬黄 100，铁红土 27.5，锌钡白 108。

（或：深铬黄 100，铁红土 3.2，锌钡白 200，炭黑 0.24。）

20. 淡土赤色

锌白 100，铁红土 38，铁黄土 50.8。

21. 棕褐色

铁红土 100，炭黑 3.2~4。

22. 咖啡色

铁红土 100，炭黑 8.74，铁黄土 27.2。

23. 紫棕色

铁红土 100，炭黑 5，中铬黄 8.6。

24. 粟壳色

铁红土 100，中铬黄 10.5，炭黑 4.85~5.6。

25. 棕色

中铬黄 100，铁红土 77.5，松烟 2.5，锌钡白 22。

26. 深褐色

中铬黄 100，铁红土 100，炭黑 5.80。

27. 柠檬黄色

柠檬黄 100。

28. 浅黄色

浅铬黄 600，锌白 100。

29. 中黄色

中铬黄 600，锌白 100。

30. 深黄色

深铬黄 100，氧化锌 100。

31. 橘黄色

深铬黄 100，立索尔红 0.42。

32. 金黄色

中铬黄 100，立索尔红 5.26。

33. 粉红色

锌白 100，立索尔红 0.35～0.37。

34. 桃红色

锌白 100，铁红土适量。

35. 紫红色

锌白 100，大红粉 7.5～8，铁蓝 7.5～8。

36. 浅蓝色

锌白 100，铁蓝 0.85～1.0。

37. 天蓝色

锌白 100，铁蓝 1.2～3。

38. 中蓝色

锌白 100，铁蓝 17～26。

39. 深蓝色

锌白 100，铁蓝 40～77。

40. 湖蓝色

锌白 100，铁蓝 0.84，浅铬黄 0.1。

41. 浅湖绿色

锌白 100，铁蓝 0.042，柠檬黄 0.083。

42. 湖绿色

锌白 100，铁蓝 1.33，中铬黄 0.53。

（或锌白 100，中铬绿 0.56，浅铬黄 1.0。）

43. 深湖绿色

锌白 100，铁 0.83～1.94，中铬黄 0.6，浅铬黄 0.93～1.5。

44. 浅绿色

锌白 100，铁蓝 0.6，中铬黄 0.8，柠檬黄 4。

45. 果绿色

锌白 100，铁蓝 1.16，中铬黄 15.80，柠檬黄 38.5。

（或：柠檬黄 100，铁蓝 1.24。）

46. 翠绿色

柠檬黄 100，铁 2.13～3。

47. 豆绿色

锌白 100，浅铬黄 50，中铬黄 50，铁蓝 0.8，铁红 2。

48. 灰绿色

中铬黄 6，铁蓝 0.4，松烟 0.3。

49. 绿灰色

锌白 100，中铬黄 11.5，松烟 0.3。

50. 钢灰色

锌白 100，铁蓝 2.8，炭黑 0.6。

51. 天灰色

锌白 100，群青 0.1，松烟 0.1～0.28。

52. 银灰色

锌白 100，中铬黄 0.2～0.3，炭黑 0.14。

53. 浅灰色

锌白 100，群青 1.2，炭黑 0.24。

（或：锌白、铁蓝 0.4，炭黑 0.16。）

54. 中灰色

锌白 100，炭黑 0.5。

55. 深灰色

锌白 100，炭黑 1.4～1.6。

56. 炮船灰色

锌白 100，铁蓝 0.075，炭黑 0.36。

57. 海洋灰色

锌白 100，铁蓝 0.41，炭黑 0.6。

58. 蓝灰色

锌白 100，群青 2，松烟 1.5～2.5。

59. 土灰色

锌白 100，中铬黄 12～15，炭黑 0.8～1。

60. 石青色

锌白 100，深铬黄 0.5～1.5。

61. 蛋青色

锌白 100，深铬绿 0.05，铁蓝 0.03。

62. 亮绿色

柠檬黄 100，铁蓝 20～21.1。

63. 中绿色

中铬黄 100，铁蓝 13.6～14.3。

64. 深绿色

中铬黄 100，铁蓝 46～52，松烟 5.8。

（或：中铬黄 100，铁蓝 78。）

65. 墨绿色

中铬黄 100，铁蓝 75～94.5，炭黑 5.4～14。

66. 浅草绿色

中铬黄 100，铁蓝 4，锌白 232，炭黑 0.15，铁红土 1.5。

67. 草绿色

中铬黄 100，锌钡白 18，松烟 6，铁红土 3.7。

（或：中铬黄 100，松烟 11.5，铁红土 11.5。）

68. 深草绿色

中铬黄 100，铁蓝 16～20，炭黑 0.8，铁红土 32～70。

69. 草黄色

锌白 100，铁黄土 128.3。

70. 橄榄黄色

锌白 100，中铬黄 100，铁红土 60。

71. 橄榄绿色

中铬黄 100，铁蓝 22.5，炭黑 1.6，铁红土 57，锌坝白 120。

72. 橄榄色

中铬黄 100，锌钡白 7.3，铁红土 28，炭黑 3。

第五部分　日用化学品

5-1　餐具消毒洗涤剂的制备

【实验目的】
① 掌握液体餐具消毒剂的制备方法。
② 了解消毒洗涤剂的组成及作用原理。

【实验原理】
本制品不仅能很好地去除碗筷上的油污脏物，而且还有很强的消毒作用，故很适于公共食堂、饭店、招待所等公共就餐的碗、盘和筷子等餐具的清洗和消毒。

消毒洗涤剂利用弱酸强碱盐和含氯离子的弱酸强碱盐水解后呈现碱性具有去污能力的特性，水解产生的氯原子具有杀菌的作用。

【实验步骤】
1. 配方（质量份）

氯化磷酸三钠	50	氢氧化钠	1
三聚磷酸钠	10	铝酸钠	1
磷酸三钠	5	硫酸钠	3
硅酸钠	5	水	适量

2. 制法

把固体原料粉碎，按配方计量后将各料加到适量水中，搅拌、溶解混匀即可装瓶备用。

5-2　高效膨化洗衣粉的制备

【实验目的】
了解洗衣粉的组成和去污原理，掌握生产高效膨化洗衣粉的操作步骤。

【实验原理】
合成洗衣粉中含有表面活性物质、助洗剂、泡沫调节剂、荧光增长剂、织物柔软剂、酶制剂、色素、香料等。其去污作用主要是由表面活性剂物质和助洗剂产生的，其他各种成分共同配合，相互促进，使之发挥出优良的去污效能。将各种原料按科学的比例进行机械混合，并经膨化、造粒、过筛等工序，就可制得满足家庭需要的洗衣粉。

本品配方新、原料精、价格廉、泡沫适中、去污效果优良，对衣物无腐蚀，手洗、机洗均可。

【实验用品】
十二烷基苯磺酸钠、三聚磷酸钠、纯碱、元明粉、羧甲基纤维素钠、生石灰、泡花碱、香精、增白剂、台秤、样筛（20～40目）、喷雾器。

【实验步骤】

1. 配方 （质量分数/%）

十二烷基苯磺酸钠	10	泡花碱	2
三聚磷酸钠	6	羧甲基纤维素钠	1
纯碱	25	香精	0.2
元明粉	50	增白剂	0.1
生石灰	1	水	10～15

2. 制作

① 根据产品配方比称出各种原料，先将十二烷基苯磺酸钠、三聚磷酸钠分别过筛（20～40目），置于干净台面上，混合均匀。

② 再将纯碱、元明粉、生石灰、泡花碱同样过筛后与前两种原料混合均匀。

③ 将羧甲基纤维素钠、香精、荧光增白剂溶于适量热水（50～70℃）中，并将热水用喷雾器喷洒于混合原料上，边喷水边混合，用水量以原料能结成颗粒，但不结饼为度。静置1h使之膨化。

④ 膨化后用筛子进行手工造粒，造粒的大小与水分和筛孔有关。水分多筛孔大，造出的颗粒大，反之颗粒则小，一般以20～30目的筛造粒比较合适。

⑤ 颗粒造好后进行干燥老化。即将产品平堆于干净台面上，在室内干燥通风处进行自然干燥老化，干燥时间约需1天，干燥程序以分散不黏结为度。

⑥ 干燥后再过一次20～30目的筛，并将较大团块压碎后过筛，即可得高效膨化洗衣粉成品。

【思考题】

① 配方中加入羧甲基纤维素钠的作用是什么？

② 如果需要制备高泡型或低泡型的洗衣粉，还应加入哪些原料？试写出自己设计的原料配方。

5-3 乳液洗发香波的制备

【实验目的】

① 了解乳液洗发香波配方的作用原理。

② 掌握洗发香波的制备工艺和使用方法。

【配方原理】

洗发香波不仅具有洗发功能，还具有洁发、护发、美发等多种功效。在对洗发香波进行配方设计时要遵循以下原则。

① 具有适当的洗净力和柔和的脱脂作用。

② 能形成丰富、持久的泡沫。

③ 具有良好的梳理性。

④ 洗后的头发具有光泽、潮湿感和柔顺性。

⑤ 洗发香波对头发、头皮和眼睛有高度的安全性。

⑥ 易洗涤，耐硬水，常温下具有最佳的洗涤效果。

⑦ 洗发后，不对烫发和染发操作带来不利影响。

对主要原料要求如下。

① 能提供泡沫和去污能力的主表面活性剂，其中以阴离子表面活性剂为主。

② 能增进去污能力和泡沫稳定性，改善头发梳理性的辅助表面活性剂，其中包括阴离子、非阴离子、两性离子型表面活性剂。

③ 赋予香波特殊效果的各种添加剂，如去头屑药物、固色剂、稀释剂、螯合剂、增溶剂、营养剂、防腐剂、染料和香精等。

此外，配方设计时还要考虑表面活性剂的良好配伍性。

洗发香波的主要原料是由表面活性剂和一些添加剂组成的。表面活性剂分主表面活性剂和辅助表面活性剂两类。主剂要求泡沫丰富，易扩散，易清洗，去污性强，并具有一定的调理作用；辅剂要求具有增强稳定泡沫的作用，头发洗后易梳理、易定型、快干、光亮，并有抗静电等功能，与主剂有良好的配伍性。

常用的表面活性剂有：阴离子型的烷基醚硫酸盐和烷基苯磺酸盐，非离子型的烷基醇酰胺，如椰子油酸二乙醇酰胺等。常用的辅助表面活性剂有：阴离子型的油酰氨基酸钠（雷米邦）、非离子型的聚氧乙烯山梨醇酐单酯（吐温）、两性离子型的十二烷基等。

香波的添加剂主要有增稠剂烷基醇酰胺、聚乙二醇硬脂酸酯、羧甲基纤维素钠、氯化钠等。遮光剂或珠光剂有硬脂酸乙二醇酯、十八醇、十六醇、硅酸铝镁等。香精多为水果香型、花香型和草香型。最常用的螯合剂是乙二胺四乙酸二钠（EDTA）。常用的去头屑止痒剂有硫化硒、吡啶硫铜锌等，滋润剂有液体石蜡、甘油、羊毛脂衍生物、聚硅氧烷等，还有胱氨酸、蛋白酸、水解蛋白和维生素等。防腐剂有对羟基苯甲酸酯、苯甲酸钠。

一、配方 1

1. 仪器和药品

电炉、水浴锅、电动搅拌器、温度计、烧杯、量筒、托盘天平、玻璃棒、滴管、黏度计。

脂肪醇聚氧乙烯醚硫酸钠（AES，70%）、脂肪酸二乙醇酰胺（尼诺尔、6501，70%）、硬脂酸乙二酯醇、十二烷基苯磺酸钠（ABS-Na，30%）、十二烷基二甲基甜菜碱（BS-12，30%）、聚氧乙烯山梨醇酐单酯、羊毛脂衍生物、苯甲酸钠、柠檬酸、氯化钠、香精、色素。

2. 配方

见表 5-1。

表 5-1　洗发香波的配方

成　分	质量分数/%			
	1	2	3	4
AES(70%)	8.0	15.0	9.0	4.0
尼诺尔(70%)	4.0			
BS-12(30%)	6.0			
ABS-Na(30%)				15.0
硬脂酸乙二醇酯			2.5	
聚氧乙烯山梨醇酐单酯		80		
柠檬酸	适量	适量	适量	适量

续表

成　分	质量分数/%			
	1	2	3	4
苯甲酸钠	1.0	1.0		4.0
氯化钠	1.5	1.5		
色素	适量	适量	适量	适量
香精	适量	适量	适量	适量
去离子水	加至 100	加至 100	加至 100	加至 100
香波种类	调理香波	透明香波	珠光香波	透明香波

3. 操作步骤

将去离子水加入 250mL 烧杯中，水浴加热，保持水温为 60～65℃，加入 AES 并不断搅拌至全溶。在连续搅拌下加入其他表面活性剂，全部溶解后再加入羊毛脂、珠光剂或其他助剂，缓慢搅拌使其溶解。降温至 40℃ 以下加入香精、防腐剂、染料、螯合剂等，搅拌均匀。测 pH 值，用柠檬酸调节 pH 值至 5.5～7.0。接近室温时加入食盐调节到所需黏度，测定香波的黏度。

4. 注意事项

① 用柠檬酸调节 pH 值时，柠檬酸需配成 50% 的溶液。

② 用食盐增稠时，实验需配成 20% 的溶液。食盐的加入量不得超过 3%。

③ 加硬脂酸乙二醇酯时，温度需控制在 60～65℃，慢速搅拌，缓慢冷却，否则体系无珠光。

二、配方 2

本剂是以十二烷基硫酸钠、硬脂酸、硬脂酸镁、氯化铵、苯甲酸、香精为原料组成的一种乳液洗发香波。是头皮和头发的清洁剂。用本剂洗发后，能使头发蓬松、发亮、富有弹性，易于梳洗成型。

1. 配方（质量份）

十二烷基硫酸钠	10.0	苯甲酸	0.1	硬脂酸	0.5
水	60	硬脂酸镁	1.5	香精	0.3
氯化铵	0.2				

2. 制法

首先将部分水煮沸，边搅拌边加入硬脂酸和硬脂酸镁至溶解，然后加入氯化铵、香精和苯甲酸。另外，将剩余的水用来溶解十二烷基硫酸钠，最后把两种溶液调和在一起，搅拌混合均匀即成。

【思考题】

① 配方中每种试剂的作用是什么？

② 配制洗发香波的主要原料是什么？为什么必须控制 pH 值？

③ 可否用冷水配制洗发香波，如何配制？

5-4　浴用香波的制备

【实验目的】

① 掌握浴用香波的配方原理及配制方法。

② 了解浴用香波各组分的作用。

浴用香波（bathing shampoo）也叫沐浴液，属皮肤清洁剂的一种。浴用香波有真溶液、乳浊液、胶体和喷雾剂型等多种产品。高档产品有的称为浴奶、浴油、浴露、浴乳等。有时产品中还加入各种天然营养物质，还有的加入各种药物，使产品具有多种功能。

【实验原理】

浴用香波的主要原料是合成的低刺激性的表面活性剂和一些泡沫丰富的烷基硫酸酯盐及烷基酰胺等表面活性剂。

大部分产品使用多种添加剂，以便得到满意的综合性能。常用的助剂主要有：①螯合剂（乙二胺四乙酸钠是最有效的螯合剂，除此之外还有柠檬酸、酒石酸等）；②增泡剂（浴用香波要求有丰富和细腻的泡沫，对泡沫的稳定性也有较高的要求）；③增稠剂；④珠光剂；⑤滋润剂；⑥缓冲剂；⑦维生素；⑧色素；⑨香精等。

浴用香波和洗发香波在配方结构和设计原则上有许多相似之处，但也有差别。例如，产品对人体的安全性仍然是第一位的原则。洗涤过程首先应不刺激皮肤，不脱脂。洗涤剂在皮肤上的残留物不引发人体皮肤病变，没有遗传病理作用等。产品应有柔和的去污力和适度的泡沫。要求产品具有与皮肤相近的 pH 值，中性或微酸性，避免对皮肤的刺激。另外对产品要求既有去污作用又不脱脂是不可能的，所以在设计配方时不用脱脂性强的原料，最好加入一些对皮肤有加脂和滋润作用的辅料，使产品更加完美。还可添加一些具有治疗功效、柔润、营养性的添加剂，使产品增加功能，提高档次。香气和颜色也是一个重要的选择性指标，要求产品香气纯正、颜色协调，令使用过程真正成为一种享受，用后留香并给人以身心舒适感。配方中还要考虑加入适量的防腐剂、抗氧剂、紫外线吸收剂等成分。总之，要综合考虑各种要求和相关因素，使配制的产品满足更多消费者的需求。

【仪器和药品】

电炉、水浴锅、电动搅拌器、温度计（0～100℃）、烧杯（100mL、250mL）、量筒（10mL、100mL）、托盘天平、滴管、玻璃棒。

十二醇硫酸三乙醇胺盐（质量分数 40%）、醇醚硫酸盐（质量分数 70%）、月桂酰二乙醇胺、甘油软脂酸酯、羊毛脂衍生物、丙二醇、柠檬酸、十二烷基二甲基甜菜碱、乙醇酰胺、壬基酚基醚硫酸钠、尼诺尔等。

【实验步骤】

1. 配方

见表 5-2。

表 5-2　浴用香波的配方（质量分数）　　　　　　单位：%

名　称	配方1	配方2	配方3	配方4
AES(70%)	33.0	12.0	4.0	
尼诺尔(70%)	3.0			
十二醇硫酸三乙醇胺盐(40%)		20.0		
硬脂酸二乙醇酯		2.0	2.0	
月桂酰二乙醇胺		5.0	6.0	
甘油软脂酸酯		1.0		
十二烷基二甲基甜菜碱(30%)			6.0	15.0

续表

名　称	配方 1	配方 2	配方 3	配方 4
乙醇酰胺			1.5	
聚氧乙烯油酸盐(70%)			15.0	1.0
羊毛脂衍生物		2.0	5.0	
壬基酚基醚硫酸钠				15.0
尼泊金甲酯				2.5
丙二醇		5.0		
柠檬酸(20%)	适量	适量	适量	适量
氯化钠	2.5	2.0	适量	适量
香精、色素	适量	适量	适量	适量
去离子水	加至 100	加至 100	加至 100	加至 100

注：配方 1 为盆浴浴剂，配方 3、配方 4 为淋浴浴剂，配方 2 既可盆浴用，也可淋浴用。

2. 操作步骤

按配方要求将去离子水加入烧杯中，加热使温度达到 60℃，边搅拌边加入难溶的醇醚硫酸钠，待全部溶解后再加入其他表面活性剂，并不断搅拌，温度控制在 60℃左右。然后再加入羊毛脂衍生物，停止加热，继续搅拌 30min 以上。等液温降至 40℃时加入丙二醇、色素、香精等。并用柠檬酸调整 pH 值至 5.0～7.5，待温度降至室温后用氯化钠调节黏度。即为成品。（这里没有固定所用药品，目的是让同学们根据实验条件设计配方）按配方Ⅲ配制时不需加热，只需按顺序加入水中，搅拌均匀即可。

用罗氏泡沫仪测定香波的泡沫性能。

【注意事项】

配方中高浓度表面活性剂的溶解，必须将其慢慢加入水中，而不是把水加入到表面活性剂中，否则会形成黏度极大的团状物，导致溶解困难。

【思考题】

① 浴用香波各组分的作用是什么？
② 浴用香波配方设计的主要原则有哪些？

5-5　铜材清洗剂及抛光剂的制备

一、铜材清洗剂

【实验目的】

了解铜材清洗剂的组成及清洗的原理，掌握配制的方法和使用方法。

【实验原理】

常用的有色金属如铜、锌、锡等，当它们的表面长期与空气接触后，会在金属表面形成一层氧化物膜，使金属失去光泽、发暗。本剂是专门用作清洗铜等有色金属（或其他制品）表面的清洁剂。擦洗后，金属表面会恢复原来的光泽。

【实验步骤】

1. 配方（质量份）

碳酸氢钠	57	磷酸三钠	57
硅酸钠	113		

2. 制备及使用方法

按上述配方搅拌混合均匀。

使用时用一块湿布或海绵蘸少许本剂混合物，在需要清洁的有色金属表面进行摩擦，擦洗后用温水冲洗干净。

二、铜材及铜制品抛光剂

【实验目的】

了解铜材及铜制品抛光剂的组成及作用原理，掌握配制方法及使用方法。

【实验原理】

本剂是铜材及铜制品的专用去污抛光剂。铜材及铜制品久置于空气中会使光亮的表面发暗或发乌，若用本剂摩擦抛光可使铜及铜制品的表面恢复光亮，同时对铜表面也有保护作用。本剂还适用于家庭中铜制品如火锅等的去污抛光。可以取代一般的家用去污剂。

【实验步骤】

1. 配方（质量份）：

硫酸氢钠	140	水	适量
黏土	448	硫酸钙	224
石英（粉状）	168		

2. 制备方法

首先将上述各原料研成粉末，然后按配方量将各原料混合，搅拌均匀后加水，继续搅拌，加水的量以混合物生成面团似的黏状物为准。停止加水，把面团状黏状物压进模子成型，并置于空气中干燥，也可稍稍加热干燥。

3. 使用方法

将上述制成的干燥混合物，直接在铜及铜制品表面擦拭。也可以在湿布或海绵上蘸一些抛光剂，对铜及铜制品的表面进行擦拭，直至擦亮为止。擦毕，再用洁净的干布，把多余的抛光剂擦掉。

5-6　墨水褪色液的制备

【实验目的】

了解墨水的褪色原理，掌握去除织物、纸张上的红蓝墨水迹的褪色液的配制和使用方法。

【实验原理】

红、蓝墨水中含有鞣酸铁、有机颜料等色素物质，可以利用化学试剂的酸性、氧化还原性和络合性破坏其色素的分子结构以达到褪色的目的。

【实验用品】

高锰酸钾、草酸、次氯酸钠、碳酸钠、硼酸、柠檬酸、酒石酸、天平、量筒、烧杯、玻璃棒、棉花、镊子。

【实验步骤】

1. 配方一

A 液：高锰酸钾溶液（0.1mol/L）。

B液：饱和草酸溶液。

（1）制法

按配制量分别称取高锰酸钾和草酸固体，加水溶解制成大约等量的A、B两种溶液，分别盛于小玻璃瓶内。

（2）用法

用棉花蘸少许A液涂于墨迹处，待墨迹褪色后，再用棉花蘸B液除去剩余高锰酸钾溶液的红色，最后用干棉花擦干。

2. 配方二（质量分数/％）

| 次氯酸钠 | 5 | 碳酸钠 | 10 | 硼酸 | 2 | 水 | 83 |

（1）制法

按配方比称取各原料混合，加水充分搅拌溶解，静置澄清后装于棕色瓶中密封保存。

（2）用法

用棉花蘸少许上述溶液轻轻擦拭墨迹处，待干燥后，墨迹随之消失。

3. 配方三（质量份）

| 柠檬酸 | 1 | 草酸 | 1 | 酒石酸 | 1 | 水 | 5～10 |

（1）用途

本剂是以柠檬酸、酒石酸、草酸等为原料，经混合调制而成的，专用于消除衣服上的钢笔墨水污迹，效果甚好。在墨迹上涂上本品后墨迹会很快消失，再用清水漂洗干净即可。

（2）制备及使用方法

将上述三种原料按配方量称取，溶解于水中，充分搅拌使固体物完全溶解即得。

使用时，直接将本剂涂擦于衣服墨迹处，用手搓揉，墨迹就会褪去，最后用水漂净。若一次洗不净，可再进行一次。

【思考题】

① 配方一的褪色原理是什么？

② 实验室中怎样制备次氯酸钠溶液？

5-7　芳香高效无毒灭蚊烟熏纸的制备

【实验目的】

了解灭蚊烟熏纸的灭蚊原理，掌握芳香高效无毒灭蚊烟熏纸的制作方法。

【实验原理】

利用三氯杀虫酯〔Cl——〈 〉—CHOCOCH$_3$ 学名2,2,2-三氯-1-3（3,4-二氯苯基）乙基乙酸

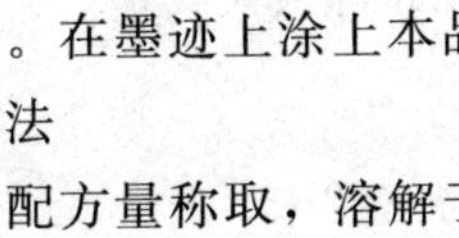

（Cl、CCl$_3$）

酯〕作灭蚊药剂，硝酸钠、丙酮、硫酸铵作燃烧剂和发烟剂。将它们混合浸入纸片内，经燃烧挥发而达到灭蚊的目的。该灭蚊纸制作简便，杀灭蝇蚊效果佳。

【实验用品】

三氯杀虫酯、硝酸钠、丙酮、硫酸铵、香精、吸水厚纸片、天平、烧杯、玻棒、温度计、电热水浴。

【实验步骤】

1. 配方（g）

三氯杀虫酯　6	硝酸钠　5	硫酸铵　2
丙酮　6	香精　2	水　10

2. 制法

① 在烧杯中加入硝酸钠、硫酸铵和水，搅拌溶解，并加热到 25～30℃，将吸水厚纸片浸入溶液数秒钟（纸片约增重一倍）使纸面均匀吸附溶液，然后将纸片晾干或烘干。

② 在烧杯中放入三氯杀虫酯和丙酮，加热搅拌溶解，温度控制在 30～40℃，再加入香精，搅拌均匀。

③ 将吸附有硝酸钠等的干燥纸片浸入三氯杀虫酯丙酮溶液中，尽量使纸片吸足溶液，然后干燥即可。

④ 制成的烟熏纸片可切成 49mm×61mm 或 42mm×71mm 的小块，封入塑料袋保存，每十片装一袋。

【注意事项】

① 所有原料、药品不得入口，生产操作过程中严禁使用明火。

② 纸片干燥可采用日光晒干或烘箱烘干，注意烘干温度应控制在 50～60℃。

③ 使用时，点燃一张药片后关闭门窗，20min 即可杀灭蚊蝇。

【思考题】

① 配方中加入硫酸铵的作用是什么？是否可将它省去？

② 纸片中硝酸钠和三氯杀虫酯浸吸过多或过少时对产品性能、质量有何影响？

5-8　固体燃料的制备

【实验目的】

了解固体燃料的组成及作用原理，掌握固体燃料的配制方法、贮藏和使用方法。

【实验原理】

固体燃料具有易点燃，火焰温度均匀，热值偏差小，携带方便等优点。适合于宾馆、酒家、家庭及其他饮食服务行业，是旅游、地质、部队等野外作业人员加热食品的理想热源。

固体燃料利用易燃的有机物在一定温度下溶解在易燃的溶剂中，冷却而凝固，或发生反应冷却凝固，定形、包装。

【实验步骤】

1. 配方一（质量份）

乌洛托品　40	乙醇石蜡乳化液　约5

将以上原料混匀，压成所需的大小和形状后即可使用。

2. 配方二（质量份）

乙醇（95%、工业品）　75.0	水　10.0	硬脂酸　4.0
氢氧化钠　2.0	石蜡　1.0	

准备两只不锈钢锅甲和乙。

① 甲锅内装有 65～75℃ 的热水，将 75 份 95% 的乙醇倒入此锅内，再加入硬脂酸，搅

拌均匀，使之熔融，再加入石蜡搅匀。

② 将 2 份氢氧化钠溶解在 10.0 份水中，并加热至与甲锅同样的温度，加于甲锅中，并搅拌、滴加完毕，趁热灌入模型中，冷却定形，包装。

【注意事项】

制备过程应在通风处进行，远离火源。

【思考题】

① 固体酒精中，硬脂酸钠的作用是什么？

② 为什么在制备过程中，需要加入氢氧化钠溶液？

5-9　雪花膏的制备

【实验目的】

① 了解雪花膏的组成和护肤原理。

② 掌握雪花膏的配制操作方法。

【实验原理】

雪花膏是一种价廉物美、使用方便、护肤效果好、普及面广的人体化妆品，它是一种以硬脂酸为主要成分的水包油型乳化体。硬脂酸及部分皂化的硬脂酸酯可在皮肤表面形成一层薄膜，从而起到保护皮肤的作用。雪花膏中还含有甘油作为保湿剂，可制止皮肤水分的过分蒸发，调节和保持角质层的含水量，使皮肤柔软、光亮、细嫩。

【实验用品】

三压硬脂酸、甘油、苛性钾、香料、蒸馏水、电炉、烧杯、温度计、台秤、量筒、玻棒。

【实验步骤】

1. 配方（质量份）

甘油	8	三压硬脂酸	6	单甘酯	1.2	香料	适量
苛性钾	0.3	苯甲酸	0.1	蒸馏水	50	白凡士林	2

2. 制作

① 先将硬脂酸、单甘酯、白凡士林加入烧杯中，加入 40mL 水，加热至 70～80℃ 使之全部溶化。另用一烧杯将苛性钾溶于 10mL 水中，并加入甘油和苯甲酸，同样加热至 70～80℃。

② 将苛性钾溶液慢慢滴加于硬脂酸溶液中，边加边搅拌，使之乳化完全，形成乳白色稠状软膏，滴加溶液的过程中温度应控制使之缓慢下降至 55℃。

③ 滴加完碱液后，继续搅拌 10min，待温度降至 45℃ 左右时加入香料，再搅拌几分钟后，冷却至 30℃ 即可装瓶，密封保存。

【注意事项】

① 原料硬脂酸要纯，含不饱和脂肪酸应少，以免不饱和脂肪酸被空气氧化，产生低级的酸、醛、酮等，使产品产生异味。

② 应注意碱的用量，否则会造成皂化不足，硬脂酸、甘油及水等不能充分乳化，或者

使产品碱性过大，对皮肤产生刺激作用。

③ 应严格控制反应的温度和速率，温度过高会使产品发黄，温度过低或加碱速度太快搅拌不均匀，会使产品质量粗糙。滴加碱液时，两种溶液的温度应尽可能保持相近。

【思考题】

① 配方中加入甘油的作用是什么？

② 在制作过程中，当什么要严格控制反应的温度和速率？

5-10　黑色染发剂的制备

【实验目的】

① 了解用化学方法染发的原理。

② 掌握氧化型双组分黑色染发剂的配制方法。

【实验原理】

氧化染发剂以对苯二胺为主要原料，它可渗透到毛发内部与角朊相结合，在双氧水等氧化剂的作用下，在毛发内部进行氧化、缩合，形成不溶性的黑色素分子——苯胺黑，以达到白发染黑的效果。

【实验用品】

电炉、烧杯、台秤、量筒、温度计、玻棒、对苯二胺、可溶性淀粉、亚硫酸钠、双氧水、酒石酸、香精、硬脂酸、单甘酯、氢氧化钾。

【实验步骤】

1. 配方（质量份）

甲组分：对苯二胺	5	亚硫酸钠	1
可溶性淀粉	5	蒸馏水	15
香精	适量	酒石酸	1
乙组分：H_2O_2（29%）	10	硬脂酸	2.5
单甘酯	1	蒸馏水	10
KOH	0.1		

2. 制作

（1）甲组分的配制

先将 15mL 蒸馏水加入淀粉调匀，加热至 70～80℃ 成糊状，冷却至 30～40℃ 后，再将对苯二胺、酒石酸、亚硫酸钠研细混匀，慢慢加入糊状物中，加香料，边加边搅拌，使之形成浅红色的浆状体，装瓶加盖保存。

（2）乙组分的配制

将硬脂酸、单甘酯加入 10mL 水中，加热至 70℃ 搅拌混匀，慢慢滴加 KOH（先用 5mL 水溶解），边加边搅拌，使其乳化形成膏状。冷却到 45℃ 后再加入 H_2O_2、香料，混匀后装瓶，加盖保存。

3. 用法

染发前应将头发洗净，取甲、乙两组分按 2∶1（体积比）充分搅拌混匀，用毛刷将混合物均匀地涂敷于头发上，待干燥后（约 0.5h），用温水洗去浮色，即可将头发染成自然的黑色。

【注意事项】

本品对皮肤有一定的刺激和污染，凡头皮破损，患有各种头部皮肤病和有过敏性反应者请勿使用。染发时，可沿发际的头皮面略涂油脂，以免污染皮肤，如皮肤不小心沾上染发剂，应用温肥皂水及时洗去。

【思考题】

① 配方中加入淀粉和亚硫酸钠的作用是什么？

② 为什么应将甲、乙两组分分开加盖保存，在染发时再将它们混匀使用？

5-11　指甲油的制备

【实验目的】

本品为手指甲的专用化妆品，其成本低廉，制作简单，通过实验了解指甲油的化学组成及原理，掌握配制方法。

【操作步骤】

1. 配方（质量份）

丙酮	35	醋酸丁酯	30	苯乙醇	适量
乳酸乙酯	20	曙红	适量	硝化纤维	2.5
酒精	适量	邻苯二甲酸二丁酯	10		

2. 制作

首先把硝化纤维溶于丙酮、醋酸丁酯和乳酸乙酯的混合液中，把曙红溶于酒精中。然后把邻苯二甲酸二丁酯与硝化纤维溶液混匀，再把苯乙醇、曙红酒精溶液加入其中，充分混合后即得成品。

【思考题】

配方中每种试剂的作用是什么？

第六部分 精细化工产品分析

6-1 洗衣粉中活性组分与碱度的测定

【试验目的】

① 培养独立解决实物分析的能力。

② 提高灵活运用定量化学分析知识的水平。

③ 熟练掌握分析仪器的使用方法。

④ 熟练掌握酸碱溶液的配制与滴定的基本操作。

【实验原理】

烷基苯磺酸钠是一种阴离子表面活性剂，具有良好的去污力、发泡力和乳化力。同时，它在酸性、碱性和硬水中都很稳定。分析洗衣粉中烷基苯磺酸钠的含量，是控制产品质量的重要步骤。

烷基苯磺酸钠的分析主要使用对甲苯胺法，即将其与盐酸对甲苯胺溶液混合，生成的复盐能溶于 CCl_4 中，再用标准溶液滴定。有关反应为：根据消耗标准碱液的体积和浓度，即可求得其含量。要注意的是，烷基苯磺酸钠的侧链取代基是含 $C_{10} \sim C_{14}$ 的混合物。在本实验中，要求以十二烷基苯磺酸钠来表示其含量。

洗衣粉的组成十分复杂，除活性物外，还要添加许多助剂。例如，配用一定量的碳酸钠等碱性物质，可以使洗涤液保持一定的 pH 值范围。当洗衣粉遇到酸性污物时，仍有较高的去污能力。

在对洗衣粉中碱性物质的分析中，常用活性碱度和总碱度两个指标来表示碱性物质的含量。活性碱度仅指由于氢氧化钠（或氢氧化钾）产生的碱度；总碱度包括碳酸盐、碳酸氢盐、氢氧化钠及有机碱（如三乙醇胺）等产生的碱度。利用酸碱滴定的有关知识，可以测定洗衣粉中的碱度指标。

【仪器和药品】

仪器：分析天平、酸式及碱式滴定管、容量瓶、锥形瓶、移液管、烧杯、玻璃棒、分液漏斗、电炉、滴管、量筒。

药品：盐酸对甲苯胺溶液、CCl_4、盐酸（1：1）、0.1mol/L NaOH 和 HCl 溶液、乙醇（95%）、间甲酚紫指示剂（0.04%钠盐）、pH 试纸、酚酞指示剂、甲基橙指示剂、邻苯二甲酸氢钾（基准物）。

【实验步骤】

① 分别配制 0.01mol/L 的 HCl 和 0.01mol/L 的 NaOH 标液，并标定其准确浓度。

a. 用量筒量取两份 900mL 蒸馏水，分别倒入两个试剂瓶中，然后用量筒分别量取 100mL 0.1mol/L 的 NaOH 和 HCl 溶液分别加入以上试剂瓶中，并摇匀。

b. 0.01mol/L NaOH 标准溶液浓度的标定：在分析天平上称取一份 0.6～0.8g 的邻苯二甲酸氢钾，放入 250mL 容量瓶中，到入蒸馏水稀释，定容，用移液管取邻苯二甲酸氢钾溶液 25.00mL 置于 250mL 锥形瓶中，以酚酞为指示剂，以 0.01mol/L NaOH 标准溶液滴定至微红色半分钟内不褪，即为终点。记下 NaOH 标准溶液的耗用量。计算出 NaOH 标准溶液的浓度。

② 配制盐酸对甲苯胺溶液：粗称 10g 对甲苯胺，溶于 20mL 1∶1 盐酸中，加水至 100mL，使 pH<2。溶解过程可适当加热，以促进其溶解。

③ 称取洗衣粉样品 1.5～2g（准确至 0.0001g），分批加入 80mL 水中，搅拌促使其溶解（可加热）。转移至 250mL 容量瓶中，稀释至刻度，摇匀。因液体表面有泡沫，读数应以液面为准。

④ 用移液管移取 25.00mL 洗衣粉样品溶液置于 250mL 分液漏斗中，用 1∶1 盐酸调 pH≤3。加 25mL CCl_4 和 15mL 盐酸对甲苯胺溶液，剧烈震荡 2min 后分液，再以 15mL CCl_4 和 5mL 盐酸对甲苯胺溶液重复萃取两次。合并三次提取液于 250mL 锥形瓶中，加入 10mL95% 乙醇溶液增溶，再加入 0.04% 间甲酚紫指示剂 2 滴，以 0.01mol/L 的 NaOH 碱标准溶液滴定至溶液由黄色突变为紫蓝色，且 3 s 不变即为终点。计算活性物质的质量分数。

⑤ 活性碱度的测定：用移液管吸取洗衣粉样液 25.00mL 两份，加入 2 滴酚酞指示剂，用 0.01mol/L 的 HCl 标准溶液滴定至浅粉色（15s 不褪色），计算以 Na_2O 形式表示的活性碱度。平行测定三次。

⑥ 总碱度的测定：于测定过活性碱度的溶液中再加入 2 滴甲基橙指示剂，继续滴定至橙色。平行测定三次，计算以 Na_2O 形式表示的总碱度。

6-2 洗衣粉中聚磷酸盐含量的测定

【实验目的】

① 熟悉酸碱滴定的原理，了解其应用。
② 熟悉双指示剂的使用和滴定操作。

【实验原理】

洗衣粉中聚磷酸盐作为助剂可增强洗涤效果，但会造成水质污染，因此必须限制使用，本实验介绍一种聚磷酸盐含量的测定方法。聚磷酸盐在酸性介质中酸解为正磷酸盐，如果调整 pH 值为 3～4，正磷酸盐以磷酸二氢根的形式存在于溶液中：

$$Na_5P_3O_{10} + 5HNO_3 + 2H_2O \Longrightarrow 5NaNO_3 + 3H_3PO_4$$
$$H_3PO_4 + NaOH \Longrightarrow NaH_2PO_4 + H_2O$$

$H_2PO_4^-$ 的 $K_a = 6.23 \times 10^{-8}$，作为多元酸，在满足滴定误差≤1% 的条件下，可用碱标准溶液直接滴定，至溶液 pH 值为 8～10 时，磷酸二氢根转变为磷酸一氢根，此时酸碱等计量反应，由此可间接测定洗衣粉中聚磷酸的含量。

$$NaH_2PO_4 + NaOH \Longrightarrow Na_2HPO_4 + H_2O$$

根据以上反应，可以得到洗衣粉中聚磷酸盐的质量分数：

$$A = \frac{cV \times 368/3 \times 1000}{W} \times 100$$

式中　　c——NaOH 物质的量浓度，mol/L；

　　　　A——聚磷酸盐的质量分数，%；

　　　　V——消耗标准氢氧化钠的体积，mL；

　　　　W——样品质量，g。

【实验仪器与试剂】

仪器：50mL 碱式滴定管、酸式滴定管、250mL 锥形瓶、50mL 量筒、石棉网。

试剂：邻苯二甲酸氢钾（$KHC_8H_4O_4$）、0.1mol/L NaOH 溶液、1∶10 HNO_3 溶液、0.5mol/L HCl 溶液、0.2%酚酞指示剂、2%酚酞指示剂、0.1%甲基橙指示剂、50%NaOH 溶液、4g 洗衣粉。

【实验步骤】

1. 0.1mol/L NaOH 溶液的标定

采用差减法称量 $KHC_8H_4O_4$ 基准物质 3 份，每份 0.4～0.6g，分别倒入 3 个 250mL 锥形瓶中，加入 30～40mL 水使之溶解后，加入 1～2 滴 0.2%酚酞指示剂，用待标定的 NaOH 溶液滴定至溶液由无色变为微红色，并保持半分钟不褪色，即为终点。记录滴定前后滴定管中 NaOH 溶液的体积，求得 NaOH 溶液的浓度，所测各次相对偏差应≤0.5%，否则需重新标定。

2. 洗衣粉中聚磷酸盐含量的测定

称取洗衣粉试样 1.0000～1.2000g 于 250mL 锥形瓶中，加 50mL H_2O，25mL 1∶10 HNO_3 溶液，摇匀，加入几粒沸石，小火加热沸腾 20min，取下，冷却至室温。试液中加入 1 滴 0.1%甲基橙指示剂，用滴管逐滴加 50% NaOH 溶液，并不断摇动至显浅黄色为止，之后用 0.5mol/L HCl 溶液小心滴定至粉红色以消除过量的 NaOH，然后加入 8 滴 2%酚酞指示剂。

用 0.1mol/L NaOH 标准溶液滴定至浅粉红色，记录滴定前后滴定管中 0.1mol/L NaOH 溶液的体积。平行测定 3 次。

【注意事项】

洗衣粉溶液应用小火加热，并注意防止产生的泡沫溢出。

【思考题】

① 查找有关材料，讨论控制洗衣粉中聚磷酸盐含量对提高洗衣粉质量的意义。

② 为什么应尽量使终点颜色与调整 pH 值时的颜色接近？

6-3　洗衣粉中表面活性剂的分析

【实验目的】

① 学习液-固萃取法从固体试样中分离表面活性剂。

② 学习表面活性剂的离子型鉴定方法。

③ 学习用红外光谱法测定表面活性剂的结构。

【实验原理】

表面活性剂是一类非常重要的化工产品，它的应用几乎渗透到所有技术经济部门。世界上表面活性剂总产量约有 20％用于洗涤剂工业，它是洗涤剂中主要的活性成分之一，它的种类、含量直接影响洗涤剂的质量和成本。因此，本实验旨在通过对洗衣粉中表面活性剂的分析，初步了解表面活性剂的分离、分析方法。

1. 表面活性剂的分离

洗衣粉除了以表面活性剂为主要成分外，还配加有三聚磷酸钠、纯碱、羧甲基纤维素钠等无机和有机助剂以增强去污能力，防止织物的再污染等。因此要将表面活性剂与洗衣粉中的其他成分分离开来。通常采用的方法是液-固萃取法。可用索氏萃取器（Soxhlets extactor）连续萃取，也可用回流方法萃取。萃取剂可视具体情况选用 95％的乙醇、95％的异丙醇、丙酮、氯仿或石油醚等。

2. 表面活性剂的离子型鉴定

表面活性剂的品种繁多，但按其在水中的离子形态可分为离子型表面活性剂和非离子型表面活性剂两大类。前者又可以分为阴离子型、阳离子型和两性型三种。利用表面活性剂的离子型鉴别方法快速、简便地确定试样的离子类型，有利于限定范围，指示分离、分析方向。

确定表面活性剂的离子型的方法很多，在此介绍最常用的酸性亚甲基蓝实验。染料亚甲基蓝溶于水而不溶于氯仿，它能与阴离子表面活性剂反应形成可溶于氯仿的蓝色络合物，从而使蓝色从水相转移到氯仿相。本法可以鉴定除皂类之外的其他广谱阴离子表面活性剂。非离子型表面活性剂不能使蓝色转移，但会使水相发生乳化；阳离子表面活性剂虽然也不能使蓝色从水相转移到氯仿相，但利用阴、阳离子表面活性剂的相互作用，可以用间接法鉴定。

3. 波谱分析法鉴定表面活性剂的结构

红外光谱、紫外光谱、核磁共振谱和质谱是有机化合物结构分析的主要工具。在表面活性剂的鉴定中，红外吸收光谱的作用尤为重要。这是因为表面活性剂中的主要官能团均在红外光谱中产生特征吸收，据此可以确定其类型，进一步借助于红外标准谱图可以确定其结构。

【试剂和器材】

试剂：95％乙醇、无水乙醇、四氯化碳、亚甲基蓝试剂、氯仿、阴、阳离子和非离子表面活性剂对照液。

器材：100mL 烧瓶 2 个、25mL 烧杯 2 个、5mL 带塞小试管 2 支、冷凝管、蒸馏头、接受管、沸石、水浴、研钵、天平、红外光谱仪。

【实验步骤】

1. 表面活性剂的分离

① 取一定量的洗衣粉试样于研钵中研细。然后称取 2g 放入 100mL 烧瓶中，加入 95％乙醇 30mL。装好回流装置，打开冷却水，用水浴加热，保持乙醇回流 15min。

② 撤去水浴。在冷却后取下烧瓶，静置几分钟。待上层液体澄清后，将上层提取的清液转移到 100mL 烧瓶中（小心倾倒或用滴管吸出）。

③ 重新加入 20mL 95％的乙醇，重复上述回流和分离操作，两次提取液合并。

④ 在合并的提取液中放入几粒沸石，装好蒸馏装置。用水浴加热，将提取液中的乙醇蒸出，直至烧瓶中残余 1～2mL 为止。

⑤ 将烧瓶中的蒸馏残余物定量转移到干燥并已称量过的 25mL 的烧杯中。

⑥ 将小烧杯置于红外灯下，烘去乙醇。称量并计算表面活性剂的百分含量。

计算公式如下：

$$洗衣粉中表面活性剂的含量＝(W_1－W_2)/Q×100\%$$

式中　　Q——称取的洗衣粉的量，g；

W_2——空烧杯的质量，g；

W_1——装有表面活性剂的烧杯质量，g。

2. 表面活性剂的离子型鉴定

（1）已知试样的鉴定

① 阴离子表面活性剂的鉴定　取亚甲基蓝溶液和氯仿各约 1mL，置于一带塞的试管中，剧烈振荡，然后放置分层，氯仿层无色。将浓度约 1% 的阴离子表面活性剂试样逐滴加入其中，每加一滴剧烈振荡试管后静置分层，观察并记录现象，直至水相层无色，氯仿层呈深蓝色。

② 阳离子表面活性剂的鉴定　在上述实验的试管中，逐滴加入阳离子表面活性剂（浓度约 1%），每加一滴剧烈振荡试管后静置分层，观察并记录两相的颜色变化，直至氯仿层的蓝色重新全部转移到水相。

③ 非离子表面活性剂的鉴定　另取一带塞的试管，依次加入亚甲基蓝溶液和氯仿各约 1mL，剧烈振荡，然后放置分层，氯仿层无色。将浓度约 1% 的非离子表面活性剂试样逐滴加入其中，每加一滴剧烈振荡试管后静置分层，观察并记录两相颜色和状态的变化。

（2）未知试样的鉴定

取少许从洗衣粉中提取的表面活性剂，溶于 2～3mL 蒸馏水中，按上述办法进行鉴定和判别其离子类型。

取适量（约 10mg）洗衣粉溶于 5mL 蒸馏水中作为试样，重复上述操作，观察和记录现象。

考察洗衣粉中的其他助剂对此鉴定是否有干扰。

3. 表面活性剂的结构鉴定

（1）红外光谱测定

按照所用红外光谱仪的操作规程打开和调试好仪器。用液膜法制样测定其红外光谱。在谱图上标出主要吸收峰的归属。

制样方法：用几滴无水乙醇将小烧杯中的试样（提取物）溶解，将试样的浓溶液滴在打磨透明的溴化钾盐片上，置于红外灯下烘去乙醇。

（2）谱图解析

红外吸收峰的归属

峰号	峰位置/cm^{-1}	峰强度①	对应官能团
1			
2			
3			

① 峰强度可用符号表示：s——强，m——中强，w——弱。

根据已确定的离子类型以及红外、核磁谱图提供的信息，通过查阅资料推测其可能结构，然后查阅红外标准谱图验证。

【思考题】

① 为什么用回流法进行液-固萃取时,烧瓶内可不加沸石? 蒸馏时是否也可以不加沸石?

② 本实验是否可用索氏萃取器提取洗衣粉中的表面活性剂? 试将回流法与其作一比较。

③ 本实验中,红外光谱制样时为什么要用无水乙醇作溶剂? 用 95% 的乙醇行不行?

附录　常见表面活性剂的红外特征吸收

表面活性剂由疏水基和亲水基两大部分组成,它们的类形和结构决定表面活性剂的性质。大部分表面活性剂的疏水基是碳氢基团,主要有以下三类。

① 脂肪族碳氢链 (饱和或不饱和),通常是 $C_8 \sim C_{18}$。

② 芳香族烃基 (单环或多环)。

③ 烷基芳烃基 (如烷基苯类)。

亲水基的种类很多,主要由它们决定表面活性剂的种类,以下两表 (表 6-1 和表 6-2) 分别列出了表面活性剂中常见的亲水基团及其在红外光谱中的特征吸收峰值。

表 6-1　表面活性剂中常见的亲水基团

亲水基的类型	亲水基团
阴离子型	羧酸盐—$COO^- M^+$,磺酸盐—$SO_3^- M^+$,硫酸酯盐—$OSO_3^- M^+$, 磷酸酯盐—$PO_3^{2-} M^{2+}$, 乙醇胺类 M 主要是 Na^+,K^+,NH_4^+
阳离子型	伯、仲、叔胺盐,季铵盐 $R_n H_{4-n} A(n:1 \sim 4)$ 砒啶盐
两性型	氨基酸,甜菜碱
非离子型	聚乙二醇(或称聚氧乙烯醚)—$(C_2H_4O)_n H$ 多元醇(如甘油,丙二醇,山梨糖醇,氨基醇等)

表 6-2　表面活性剂中常见亲水基团的红外吸收带

基团	振动形式	吸收带/cm^{-1}
—COO^-	v^{as}	1610～1540 b. s
	v^s	1470～1370 b. m～s
—SO_3	v^{as}	1190～1180 b. v. s
	v^s	1060～1030 b. m～s
—OSO_3	v^{as}	1270～1220 b. v. s
	v^s	1100～1060 b. m～s
—OPO_3	$v_{P—O}$	1250～1220 b. s
	$v_{P—O—C}$	1060～1030 b. v. s
伯胺	$v_{N—H}$	2940～2700 b. s
	$\delta_{N—H}$	1610～1560 sh. s
仲胺	$v_{N—H}$	2940～2700 b. s
	$\delta_{N—H}$	1610～1500 sh. m～w
—$(C_2H_4O)_n$	$v_{C—O}$	1150～1190 b. s
多元醇	v_{OH}	3450～3300 b. m～s

注:符号说明 v^{as}——不对称伸缩振动;v^s——对称伸缩振动;δ——弯曲振动。

吸收峰形状,强度:b——宽,sh——尖锐,v. s——非常强,s——强,m——中等,w——弱。

6-4　表面活性剂溶液临界胶束浓度的分析

【实验目的】

① 掌握表面活性剂溶液表面张力的测定原理和方法。

② 掌握表面活性剂溶液临界胶束浓度的测定原理和方法。

【实验原理】

临界胶束浓度是指表面活性剂分子或离子在溶液中开始形成胶束的最低浓度，简称

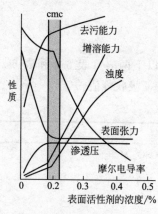

图 6-1　表面活性剂水溶液的一些物化性质

cmc。由于表面活性剂溶液的许多物理化学性质随着胶束的形成而发生突变（见图 6-1），故将临界胶束浓度看做表面活性剂的一个重要特性，是表面活性剂溶液表面活性大小的量度。因此，测定 cmc，掌握影响 cmc 的因素，对于深入研究表面活性剂的物理化学性质是非常重要的。

测定 cmc 的方法很多，一般只要溶液的物理化学性质随着表面活性剂溶液浓度在 cmc 处发生突变，都可以用来测定 cmc。以下是常用的测定方法。

1. 表面张力法

表面活性剂溶液的表面张力随浓度而变化，在浓度达 cmc 时发生转折。以表面张力（γ）对表面活性剂溶液浓度的对数（$\lg c$）作图，由曲线的转折点来确定 cmc。该法适合各种类型的表面活性剂，准确性好，不受无机盐的影响，只有当表面活性剂中混有表面活性高的极性有机物时，曲线才会出现最低点。

2. 电导法

通过离子型表面活性剂水溶液电导率随浓度的变化关系，从电导率（κ）对浓度（c）曲线或摩尔电导浓度（λ_m）-$c^{1/2}$ 曲线上的转折点求 cmc。由于转折点不明显，此法仅对离子型表面活性剂适用，对 cmc 值较大、表面活性低的表面活性剂不灵敏。

3. 染料法

基于有些有机染料的生色团吸附于胶束之上，其颜色发生明显的改变，故可用染料作指示剂，测定最大吸收光谱的变化来确定 cmc。采用此法测定 cmc 会因染料的加入而影响测定的精确性，尤其对 cmc 较小的表面活性剂影响更大。另外，当表面活性剂中含有无机盐及醇时，测定结果也不太准确。

4. 增溶法

表面活性剂溶液对有机化合物的增溶能力随浓度的变化而变化，在 cmc 处有明显的改变，因此可以利用该性质来确定临界胶束浓度。

5. 光散射法

光线通过表面活性剂溶液时，如果溶液中有胶束离子存在，部分光线将被胶束离子所散射，因此测定散射光强度即浊度可反映溶液中是否有表面活性剂胶束的形成。以溶液浊度对表面活性剂浓度作图，在达到 cmc 时，浊度将急剧上升，因此曲线转折点即为 cmc。利用光散射法还可测定胶束大小（水合直径），推测其缔合度等。测定环境要洁净，避免灰尘污染。

目前还有许多现代仪器方法测定 cmc，如荧光光度法、核磁共振法、导数光谱法等。本

实验采用表面张力法、电导法与染料法来测定表面活性剂溶液的临界胶束浓度。

【实验内容】

一、表面张力法测定

表面张力是指作用于液体表面单位长度上使液体收缩的力（mN/m），是液体的内在性质，其大小主要取决于液体自身和与其接触的另一相物质的种类。表面张力的测定方法有多种，较为常用的有滴体积（滴重）法和拉起液膜法（环法、吊片法）。

1. 滴体积（滴重）法

滴体积法测定表面张力的特点是简便精确。此法的原理是：当液体在毛细管端头缓慢形成的液滴滴落时，液滴的大小（体积或质量）与液体表面张力有关。液滴质量 W 和表面张力 γ 的关系为

$$W = mg = 2\pi r\gamma \tag{6-1}$$

式中　m——液滴质量，kg；

　　　g——重力加速度，m/s^2；

　　　r——毛细管半径，m。

式(6-1) 表示支持液滴质量的力为沿滴头周边垂直的表面张力。但实验表明，在液滴形成过程中，由于形成圆柱形细颈进一步收缩，并在此处断开，在管端形成的液滴只有一部分滴落，另一部分留在管端。此外，由于形成细颈时表面张力作用的方向与重力作用方向并不一致，而是有一定的角度，表面张力所支持的液滴质量变小（见图6-2）。因此，式(6-1) 并不能准确计算出表面张力值，必须予以校正。即

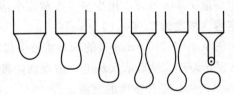

图 6-2　落滴的高速摄影示意图

$$W = mg = 2\pi r\gamma f \tag{6-2}$$

式中　f——校正系数。

令校正因子 $F = 2\pi f$，且将液滴质量换算为液滴体积，则有

$$\gamma = \frac{V\rho g}{r}F \tag{6-3}$$

式中　V——液滴体积，m^3；

　　　ρ——液体相对密度，kg/m^3。

实验与数学分析法证明，F 是 V/r^3 的函数，其具体数值可由 $F\text{-}V/r^3$ 关系曲线查取。经过进一步的改进，已得到了较为完整的校正因子。

一般表面活性较高的表面活性剂水溶液的相对密度与水差不多，故用式(6-3) 计算表面张力时，可直接以水的相对密度代替，误差在允许范围内。

滴体积法比较适用于表面张力的测定。可将滴头插入油中（如油相对密度小于溶液时），让水溶液自管中滴下，按式(6-4) 计算表面张力，即

$$\gamma_{12} = \frac{(\rho_2 - \rho_1)g}{r}F \tag{6-4}$$

式中　γ_{12}——表面张力；

　　　$\rho_2 - \rho_1$——两种不相溶液体的相对密度。

滴体积法（滴重）法对于一般液体或溶液的表面张力测定都很适用，但此法系非完全平衡方法，故不太适用于对表面张力有很长时间效应的体系。

2. 环法

把一个圆环平置于待测的表面活性剂溶液的液面，当圆环被向上提出液面时，会在圆环与液面之间形成一液膜，此液膜对圆环产生一个垂直向下的力，测量将圆环拉离液面所需最大的力，即为该测定溶液的表面张力。

实际表面张力值 γ（mN/m）应该根据测得的表面张力值 p 乘以校正因子 F 而得，计算公式为

$$\gamma = pF \tag{6-5}$$

环法中直接测量的量为拉力 p，各种测量力的仪器皆可应用，一般常用的仪器为纽力丝天平。

对于阳离子表面活性剂表面张力的测定，环法并不适用。

3. 主要仪器和药品

表面张力仪、烧杯、移液管、容量瓶。

十二烷基硫酸钠（SDS）（经乙醇重结晶）、二次蒸馏水。

4. 实验内容

取 1.44g SDS，用少量二次蒸馏水溶解（尽量避免产生泡沫），然后在 50mL 容量瓶中定容（浓度为 1.00×10^{-1} mol/L）。

从 1.00×10^{-1} mol/L 的 SDS 溶液中移取 5mL，放入 50mL 的容量瓶中定容（浓度为 1.00×10^{-2} mol/L）。然后依次从上一浓度的溶液中移取 5mL 稀释 10 倍，配制 $1.00 \times 10^{-5} \sim 1.00 \times 10^{-1}$ mol/L 五种浓度的溶液。

用滴体积法或环法测定二次蒸馏水的表面张力，并对仪器进行校正。然后从稀至浓依次测定 SDS 溶液（测定温度高于 15℃），并计算表面张力，作出表面张力-浓度对数曲线，拐点处即为 cmc 值。如需准确测定 cmc 值，在拐点处增加几个测定值即可实现。

5. 注意事项

① 为减少误差，测量要在高于克拉夫特点（Krafft）的温度下进行。

② 配制表面活性剂溶液时，要在恒温条件下进行。温度变化应在 0.5℃ 之内。

③ 在溶液配制及测量过程中，不要让不同浓度溶液间产生相互影响，防止震动，注意灰尘及挥发性物质的影响。

二、电导法测定

对于一般电解质溶液，其导电能力由电导 L，即电阻的倒数（$1/R$）来衡量。若所用电极面积为 a，电极间距为 h 的电导管测定电解质溶液电导，则

$$L = \frac{1}{R} = \frac{\kappa a}{h} \tag{6-6}$$

式中　κ——$a = 1m^2$、$h = 1m$ 时的电导，称做比电导或电导率，S/m；

　　　　a/h——电导管常熟；

　　　　电导率 κ 和摩尔电导 λ_m 的关系为

$$\lambda_m = \kappa/c \tag{6-7}$$

式中　λ_m——1mol 电解质溶液的导电能力；

　　　　c——电解质溶液的摩尔浓度。

λ_m 随电解质溶液浓度而变，对强电解质的稀溶液，有

$$\lambda_m = \lambda_m^\infty - Ac^{1/2} \tag{6-8}$$

式中　λ_m^∞——浓度无限稀时的摩尔电导；

　　　A——常数。

对于离子型表面活性剂溶液，当溶液浓度非常稀的时候，电导的变化规律和强电解质相同，但当溶液浓度达到临界胶束浓度时，随着胶束的生成，电导率发生改变，摩尔电导急剧下降，这就是电导法测定 cmc 的依据。

1. 主要实验仪器和药品

电导管、四钮或六钮电阻箱、滑线电阻、音频振荡器、示波器、导线、容量瓶、恒温槽、电导水、0.02mol/L KCl 溶液、SDS。

2. 实验内容

① 电导的测量。交流电桥法测溶液的电阻，其线路如图 6-3 所示。其中，R_1 为待测溶液的电阻（待测液放在电导管中），R_2 为四钮或六钮电阻箱的电阻，R_3 和 R_4 为电位计的滑线电阻，阻值为 10Ω，均分为 1000 等分。音频振荡器供给交流信号，示波器（图中用 OSC 表示）检波。滑线上的接触点固定在 A，调节 R_2，使示波器荧光屏上的正弦波变为一条水平线为止，此时 A 与 B 两点电位相等，即电桥达到平衡，则

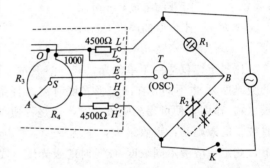

图 6-3　交流电桥法测溶液电阻线路

$$\frac{R_1}{R_2} = \frac{R_2}{R_1} = \frac{A}{1000-A}$$

$$R_1 = R_2 = \frac{A}{1000-A} \tag{6-9}$$

若 L、H 两点接柱改接 L′、H′，则

$$R_1 = R_2 \frac{4500+A}{4500-A} \tag{6-10}$$

示波器检波灵敏度高，且不受噪声干扰，测量时 A 的数值可固定在 500 的位置，使相对误差趋于最小，也可以减少处理数据的麻烦。

按要求接好装置线路，准确测量。

② 安装好恒温槽，温度调到 (25.0±0.1)℃。

③ 测定电导管常数。用电导水将电导管冲洗干净，用少量 0.02mol/L KCl 溶液润洗两次，测量时先恒温 10min，按①操作步骤进行测量。

④ 用 25mL 容量瓶精确配制浓度范围为 $3.0 \times 10^{-3} \sim 3.0 \times 10^{-2}$ mol/L、8~10 个不同浓度的十二烷基硫酸钠水溶液。配制时最好用新蒸出的电导水。

⑤ 从低浓度到高浓度依次测定表面活性剂溶液的电阻值。每次测量前电导管用待测液润洗 2~3 次。

3. 数据处理

① 由 25℃时，0.02mol/L KCl 溶液的电导率及测出的电阻值，求出电导管的电导管常数。

② 计算各浓度十二烷基硫酸钠水溶液的电导率和摩尔电导。

③ 将数据列表，作 κ-c 图与 λ_m-$c^{1/2}$ 图，由曲线转折点确定 cmc 值。

三、染料法测定

染料法是测定表面活性剂溶液 cmc 的一个简单方法。一些有机染料在被胶团增溶时，其吸收光谱与未增溶时相比发生了明显改变，例如，频哪氰醇溶液为紫红色，被表面活性剂增溶后为蓝色。所以只要在大于 cmc 的表面活性剂溶液中加入少量染料，然后定量加水稀释至颜色改变即可判定 cmc 值。采用滴定终点观察法或分光光度法均可完成测定。对于阴离子表面活性剂，常用的染料有频哪氰醇、碱性蕊香红 G；阳离子表面活性剂可用曙红或荧光黄；非离子表面活性剂可用频哪氰醇、四碘荧光素、碘、苯并紫红 4B 等。

分光光度计测定吸收光谱的原理是比尔定律：

$$A = \varepsilon bc \tag{6-11}$$

式中　A——吸光度；

　　　c——溶液的浓度，mol/L；

　　　b——比色皿的厚度，cm；

　　　ε——摩尔吸光系数，L/(mol·cm)。

比尔定律仅适用于单色光，同一溶液对于不同波长的单色光的吸光系数 ε 值不同，测得的吸光度 A 也不同。在测定吸光度时需选择适当的波长作吸收曲线。将吸光度（A）对波长（λ）作图，便可得到吸收曲线，这是物质的吸光特性，常被用于定性分析。选择最佳吸收波长的原则是：吸收最大，干扰最少。在选定了被测组分的最佳吸收波长后，在该波长下，测定该溶液不同浓度（c）时的吸光度（A），即可作定量分析。

本实验利用频哪氰醇氯化物（相对分子质量为 388.5）在月桂酸钾水溶液中形成胶束后，吸光度的变化来测定 cmc 值。频哪氰醇氯化物在水中的吸收谱带为 520nm 和 550nm，当加入到浓度为 2.3×10^{-2} mol/L 的月桂酸钾水溶液中时（此浓度大于月桂酸钾的 cmc 值），其吸光度发生变化，原有的 520nm 和 550nm 的吸收带消失，570nm 和 610nm 的吸收带增强。两增强的谱带是该染料在有机溶剂即丙酮中的谱线特征，因此可以通过此吸光度的变化来测定月桂酸钾的 cmc 值。

1. 主要仪器和药品

分光光度计、比色皿、容量瓶、频哪氰醇氯化物、丙酮、月桂酸钾。

2. 实验内容

（1）溶液的配制

① 分别配制浓度为 1.0×10^{-4} mol/L 的频哪氰醇氯化物的水溶液与丙酮溶液各 25mL。

② 配制含频哪氰醇氯化物浓度为 1.0×10^{-4} mol/L 的不同浓度的月桂酸钾溶液各 25mL。月桂酸钾的浓度范围在 $1.0 \times 10^{-3} \sim 1.0 \times 10^{-1}$ mol/L，可配成 1.0×10^{-3} mol/L、1.0×10^{-2} mol/L、2.0×10^{-2} mol/L、2.5×10^{-2} mol/L、5.0×10^{-2} mol/L、1.0×10^{-1} mol/L 6 种不同浓度的溶液。

（2）吸光度的测定

用分光光度计在波长 450～650nm 的范围内，每间隔 10～20nm 对已配制的溶液进行波长扫描。

① 对浓度为 1.0×10^{-4} mol/L 的频哪氰醇氯化物的水溶液测定不同波长下的吸光度，约在 520nm 与 550nm 处出现吸收峰。

② 对上述染料的丙酮溶液测定吸光度。约在 570nm 和 610nm 处出现吸收峰。

③ 选择含频哪氰醇氯化物浓度为 1.0×10^{-4} mol/L 的月桂酸钾浓度为 2.5×10^{-2} mol/L 与 5.0×10^{-2} mol/L 的溶液进行吸光度的测定。

④ 将上述几组数据作吸光度（A）对波长的变化曲线，最大吸光度值所对应的波长为最佳波长。

（3）月桂酸钾 cmc 值的测定

在上述实验测得的最大吸收波长（约 610nm）处，测定含染料的六种不同浓度的月桂酸钾溶液的吸光度，并作 A-c 图，由曲线的突变点求出其 cmc 值。

【思考题】

① 为什么表面活性剂的表面张力-浓度曲线有时出现最低点？

② 为什么环法不适用于阳离子表面活性剂表面张力的测定？

③ 电导法测定表面活性剂临界胶束浓度的优势是什么？

④ 如何对测定的数值进行处理？

⑤ 比较测定 cmc 值的三种方法：表面张力法、电导法与染料法，哪种更简便？

6-5　洗洁精的配制及脱脂力的分析

【实验目的】

① 掌握洗洁精的配制方法。

② 了解洗洁精各组分的性质及配方原理。

③ 掌握洗洁精脱脂力的测定原理和方法。

【性质与用途】

1. 性质

洗洁精（cleaning mixture）又叫餐具洗涤剂或果蔬洗涤剂，是无色或淡黄色透明液体，散发淡雅果香味。其主要成分是烷基磺酸钠、脂肪醇醚硫酸钠、泡沫剂、增溶剂、香精、水、色素等。

2. 用途

洗洁精为日用消费品，主要用于洗涤碗碟和水果蔬菜。特点是去油腻性好、洁净温和、泡沫柔细、简易卫生、使用方便。洗洁精是最早出现的液体洗涤剂，产量在液体洗涤剂中位居第二，世界总产量为 2×10^{6} t/年。

【实验内容】

一、洗洁精的配制

1. 实验原理

设计洗洁精的配方时，应根据洗涤方式、污垢和被洗物特点，以及其他功能要求来考虑，具体可归纳为以下几条。

（1）基本原则

① 对人体安全无害。

② 能较好地洗净或除去动植物油垢，包括黏附牢固的油垢。

③ 洗洁精和清洗方式不损伤餐具、灶具及其他器具。

④ 洗涤蔬菜和水果时，应无残留物，不影响外观和原有风味。

⑤ 手洗产品发泡性良好。

⑥ 消毒洗涤剂应能有效地杀灭有害细菌，不危害人的安全。

⑦ 长期贮存稳定性好，不发霉变质。

（2）配方结构特点

① 洗洁精应制成透明液体，调配成适当的浓度和黏度。

② 设计配方时，一定要充分考虑表面活性剂的配伍效应，以及各种助剂的协同作用。例如，阴离子表面活性剂烷基聚氧乙烯醚硫酸酯盐与非离子表面活性剂烷基聚氧乙烯醚复配后，产品的泡沫性和去污力均好。配方中加入乙二醇单丁醚，则有助于去除油污。加入月桂酸二乙醇酰胺可以增泡和稳泡，减轻对皮肤的刺激，增加介质的黏度。羊毛酯类衍生物可滋润皮肤。调整产品粘度主要使用无机电解质。

③ 洗洁精一般具有高碱性，主要为提高去污力和节省活性物，并降低成本。但 pH 值不能大于 10。

④ 高档的餐具洗涤剂要加入釉面保护剂，如醋酸铝、甲酸铝、磷酸铝酸盐、硼酸酐及其混合物。

⑤ 加入少量香精和防腐剂。

（3）主要原料

洗洁精一般以阴离子表面活性剂为主要活性物配制而成。手工洗涤用的洗洁精主要使用烷基苯磺酸盐和烷基聚氧乙烯醚硫酸盐，其活性物含量为 10％～15％。

2. 主要仪器与药品

电炉、水浴锅、电动搅拌器、温度计、烧杯、量筒、托盘天平、滴管、玻璃棒。

十二烷基苯磺酸钠（ABS-Na）、脂肪醇聚氧乙烯醚硫酸钠（AES）、椰子油酸二乙醇酰胺（尼诺尔）、壬基酚聚氧乙烯醚（OP-10）、乙醇、甲醛、乙二胺四乙酸、三乙醇胺、二甲基月桂基氧化胺、二甲苯磺酸钠、香精、pH 试纸、苯甲酸钠、氯化钠、硫酸。

3. 实验操作

（1）配方（表 6-3）

表 6-3　洗洁精的配方

成分	质量分数/%			
	I	II	III	IV
ABS-Na(30%)		16.0	12.0	16.0
AES(70%)	16.0		5.0	14.0
尼诺尔(70%)	3.0	7.0	6.0	
OP-10(70%)		8.0	8.0	2.0
EDTA	0.1	0.1	0.1	0.1
乙醇		6.0	0.2	
甲醛			0.2	
三乙醇胺				4.0
二甲基月桂基氧化胺	3.0			
二甲苯磺酸钠	5.0			
苯甲酸钠	0.5	0.5	1.0	0.5
氯化钠	1.0			1.5
香精、硫酸	适量	适量	适量	适量
去离子水	加至100	加至100	加至100	加至100

（2）操作步骤

向烧杯中加入去离子水，水浴加热至 60℃ 左右。加入 AES 搅拌至全部溶解，保持温度在 60～65℃，搅拌下加入其他表面活性剂，搅拌至全部溶解。降温至 40℃ 以下，加入香精、防腐剂、螯合剂、增溶剂，搅拌均匀。测溶液的 pH 值，用硫酸调节 pH 值至 7～8。加入食盐调节到所需黏度。调节之前应把产品冷却到室温或测黏度时的标准温度。调节后即为成品。

4. 注意事项

① AES 应慢慢加入水中。

② AES 高温下极易水解，溶解温度不可超过 65℃。

③ 清洁精产品标准 GB-9985-1000。

二、脱脂力的测定

1. 实验原理

脱脂力又称洗净率，是洗涤剂的一个重要性能指标，通过脱脂力的测定，可帮助人们筛选最佳的洗涤剂配方。

将标准油污涂在已称重的载玻片上，用配好的一定浓度的洗涤剂溶液进行洗涤，干燥后称重，即可通过下式计算脱脂力 W。

$$W = \frac{B-C}{B-A} \times 100\%$$

式中　A——未涂油污的载玻片质量，g；

　　　B——涂油污后的载玻片质量，g；

　　　C——洗涤后干燥载破片质量，g。

2. 主要仪器与药品

脱脂力测定装置（见图 6-4）、载破片 6 枚、天平、称量瓶、载玻片架、镊子、脱脂棉球、容量瓶、小烧杯。

标准油污（将植物油 20g、动物油 20g、油酸 0.25g、油性红 0.1g、氯仿 60mL 混合均匀即可）、无水氯化钙、硫酸镁（$MgSO_4 \cdot 7H_2O$）、无水乙醇、洗洁精产品。

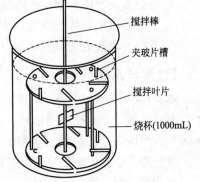

3. 实验内容

（1）载玻片油污的涂制

用酒精洗净六枚载玻片，干燥后称重，准确到 0.0001g。

在（20±1）℃，将每一枚载玻片浸入油污中，浸没至 55mm 高处约 3s 取出，用滤纸吸净载玻片下沿附着的油污，放在载玻片架上，在（30±2）℃下干燥 1h，称重，准确到 0.0001g。

图 6-4　脱脂力测定装置

搅拌棒
夹玻片槽
搅拌叶片
烧杯(1000mL)

（2）硬水的配制

根据我国的水质情况并参照洗涤剂去污力的测定方法，采用 250mg/L 的硬水，按钙镁离子比为 6：4 进行配制。

取 0.165g 无水氯化钙、0.247g 硫酸镁（$MgSO_4 \cdot 7H_2O$），用蒸馏水稀释至 1L，即为 250mg/L 的硬水。

（3）洗涤剂溶液的配制

取 10g 洗洁精产品，用 250mg/L 的硬水稀释至 1L。

（4）脱脂实验

将制好的油污载玻片小心放入脱脂力测定装置的支架上。取 700mL 配制好的洗涤剂溶液倒入测定仪的烧杯中，搅拌转数控制在 250r/min，在（30±2）℃或室温的条件下洗涤 3min。

倒出洗净液，另取 700mL 蒸馏水，在相同条件下漂洗 1min。

取出载玻片，挂在支架上，室温下干燥一昼夜，准确称重到 0.0001g。

（5）平均脱脂力计算

取六枚载玻片脱脂力的平均值即为洗洁精的平均脱脂力。

$$平均脱脂力 = \frac{\sum_{i=1}^{6} W_i}{6}$$

4. 注意事项

称量时按顺序编号，防止混淆。

【思考题】

① 配制洗洁精的原则有哪些？

② 洗洁精的 pH 值应控制在什么范围内？为什么？

③ 操作过程中，手指能否直接接触载玻片？为什么？

④ 为什么漂洗后的载玻片要在室温下放置一昼夜后再称重？

6-6　化学卷发液的配制及分析

【实验目的】

① 掌握卷发液原料巯基乙酸铵的制备原理和方法及定性鉴定。

② 了解卷发液烫发原理及配方中各组分的作用。

③ 掌握卷发液的配制及各组分的分析方法。

【性质与用途】

巯基乙酸铵（ammonium thioglycolate）的分子式为 $HSCH_2COONH_4$。外观为无色液体，有特殊气味，遇铁呈紫红色，放出硫化氢。易吸潮，易氧化，易溶于水。用硫脲-钡盐水解法生产的巯基乙酸铵浓度在 13% 左右，为玫瑰红色透明溶液。主要用于配制化学卷发液。市售的化学卷发液商品巯基乙酸铵含量一般在 5%～9.5%。

化学卷发液（permanent hair-waving solution）又称冷烫液或冷烫精。市售的化学卷发液分一剂型和二剂型两种，一剂型目前使用较多，外观为淡紫红色透明溶液，有氨味。化学卷发液主要用于改变发型。

【实验内容】

一、原料巯基乙酸铵的制备

1. 实验原理

巯基乙酸铵的制备方法有多种，最常用、最经济的方法是硫脲-钡盐水解法。它是用碳酸钠中和氯乙酸，再与硫脲、氢氧化钡、碳酸氢铵反应制得，其反应方程式如下：

$$2ClCH_2COOH + Na_2CO_3 \longrightarrow 2ClCH_2COONa + H_2O + CO_2 \uparrow$$

$$ClCH_2COONa + NH_2CSNH_2 \longrightarrow \begin{matrix} HN \\ \\ H_2N \end{matrix} CSCH_2COOH \downarrow + NaCl$$

$$2 \begin{matrix} HN \\ \\ H_2N \end{matrix} CSCH_2COOH + 2Ba(OH)_2 \longrightarrow Ba \begin{matrix} SCH_2COO \\ \\ SCH_2COO \end{matrix} Ba \downarrow + 2H_2NCONH_2$$

$$Ba \begin{matrix} SCH_2COO \\ \\ SCH_2COO \end{matrix} Ba \downarrow + 2NH_4HCO_3 \longrightarrow 2HSCH_2COONH_4 + 2BaCO_3 \downarrow$$

2. 主要仪器和药品

烧杯、电动搅拌器、电热套、吸滤瓶、布氏漏斗、移液管、温度计、量筒、托盘天平、真空水泵、锥形瓶。

氯乙酸、硫脲、氢氧化钡、碳酸钠、碳酸氢铵、10%氨水、醋酸、10%醋酸镉。

3. 实验内容

（1）巯基乙酸铵的制备

在100mL烧杯中加入20g氯乙酸、40mL去离子水，搅拌溶解，缓慢加入碳酸钠中和，待泡沫减少时，控制溶液的pH值在7~8，静置、澄清。

在200mL烧杯中加入30g硫脲、100mL去离子水，加热至约50℃，搅拌溶解，加入上述澄清的氯乙酸钠溶液，在60℃左右恒温30min。抽滤，弃去滤液，用少量去离子水洗涤，再抽滤，得粉状沉淀。

在250mL烧杯中加入70g氢氧化钡、170mL去离子水，加热，间歇搅拌至溶解，缓慢加入上述粉状沉淀，在80℃下恒温3h，间歇搅拌，防止沉淀物下沉。趁热过滤，用去离子水洗涤3~5次，抽滤吸干，得二硫代二乙酸钡白色粉状物。含有尿素的碱性滤液用酸性氧化剂处理后排放。

在200mL烧杯中加入40g碳酸氢铵、100mL去离子水，搅拌，分散加入二硫代二乙酸钡，继续搅拌10min，静置1h后过滤，得到100~200mL玫瑰红色滤液，即为巯基乙酸铵溶液。巯基乙酸铵含量一般为13%~14%。

在200mL烧杯中加入30g碳酸氢铵、40mL去离子水、上述滤渣，搅拌均匀，静置1h，抽滤即可得约40mL巯基乙酸铵溶液，浓度为4%~5%。

（2）定性分析

将2mL样品用水稀释到10mL，加入5mL 10%醋酸，摇匀，再加2mL 10%醋酸镉，摇匀。若有白色胶状物生成，则说明存在巯基乙酸铵，加入10%氨水，摇匀，则白色胶状物溶解。

二、化学卷发液的配制及测定

1. 实验原理

（1）化学卷发液配制原理

化学卷发液是将巯基乙酸铵及各种助剂和辅助原料在不断搅拌下逐一溶解于水中配制而成的。一般配方中巯基乙酸铵的含量为7%~10%，此外还包括碱剂（氨水）、氧化剂（定型剂）等。

化学卷发液的产品标准如表 6-4 所列。

表 6-4　化学卷发液的产品标准

指标名称		标准
色泽		成品不得呈紫色
剂型	水剂	澄清透明,无沉淀物
	乳剂	无沉淀物
对皮肤刺激性		斑点实验合格
pH 值		8～9.5
巯基乙酸铵含量(质量分数)/%		7.5～9

（2）烫发原理

头发是由不溶于水的角蛋白组成的，而角蛋白是由多种氨基酸组成的肽链或聚肽链桥接而成的。由于角蛋白的胱氨酸含量较大，决定着角蛋白的物理化学特性。胱氨酸是一种含二硫键的氨基酸，当二硫键被打开后，头发就变得柔软，很容易卷成各种形状，化学药剂的作用就是将二硫键打开。当头发卷曲成型后，再把打开的二硫键重新接上，恢复头发原有的刚韧性。卷发剂由打开二硫键的柔软剂和接上二硫键的定型剂组成。巯基乙酸铵是卷发剂的原料，在碱性条件下，经一定时间会使头发膨胀，还原断裂头发中的角蛋白，使头发卷曲成任何形状，反应过程大致如下：

$$Cy—S—S—Cy+2RSH \longrightarrow Cy—SH+RSSR$$

$$或 Cy—S—S—Cy+2HSCH_2COONH_4 \longrightarrow 2Cy—SH+ \begin{matrix} S—CH_2COONH_4 \\ | \\ S—CH_2COONH_4 \end{matrix} \quad 双硫代乙酸铵$$

　　角蛋白　　　　巯基乙酸铵　　　半胱氨酸

此为还原卷发过程。待头发成型后再用氧化剂或空气中的氧使半胱氨酸氧化连接成原来的聚肽链物质即角蛋白，为氧化定型过程。

由于巯基乙酸犹如一个二元酸，含有—COOH 和—SH，在碱性条件下更能表现出其"强酸性"，充分发挥还原作用。冷烫效果受 pH 值影响，中性时效果不好，pH 值太高会损伤头发，根据经验 pH 值一般为 8.0～9.5。为了提高冷烫效果，可在卷发剂中添加一些辅助原料如表面活性剂、中和剂、色素、香精等，增大卷发剂与头发之间的亲和力，减少用量，使接触均匀，减轻对头皮的刺激作用，增加美感，提高卷发效果。

2. 主要仪器与药品

烧杯、锥形瓶、碘量瓶、移液管、容量瓶、碱式滴定管、滴定台、电动搅拌器、电热套、量筒。

98％巯基乙酸、60％巯基乙酸铵、30％十二烷基苯磺酸钠、25％～28％氨水、乌洛托品、三乙醇胺、亚硫酸钠、甘油、香精、盐酸（1：3）、0.1000mol/L 硫代硫酸钠标准液、0.1000mol/L 碘标准液、0.1000mol/L 氢氧化钠标准液、淀粉溶液、溴甲酚绿-甲基红指示剂、精密 pH 试纸。

3. 实验操作

（1）化学卷发液的配制

化学卷发液配方见表 6-5。

表 6-5　化学卷发液的配方

成分	质量分数/%				
	I	II	III	IV	Ⅶ
巯基乙酸(98%)	8.0	8.5	6.0	1.5	
巯基乙酸铵(60%)					0.2
十二烷基苯磺酸钠(30%)	1.5	1.5	1.0		
亚硫酸钠	1.5	2.4	0.5		
甘油	3.0	4.7	1.0		
乌洛托品		4.7			
硼砂			0.6		
三乙醇胺				0.5	
氨水(25%~28%)	17.5	15.0	11.2		
失水山梨醇月桂酸酯				20.0	
巯基甘油乙酸酯	1.0			20.0	
亚硫酸氢钾					0.8
酒石酸					0.03
乙醇					1.0
单乙醇胺					0.03
碘化钾					0.6
香精	适量	适量	适量	适量	适量
去离子水	加至 100	加至 100	加至 100	加至 100	加至 100

操作方法：按配方量称取药品。在 200mL 烧杯中加入巯基乙酸，搅拌，滴加氨水，用 pH 试纸检测至 pH＝9.0～9.5，然后加水和其他药品，搅拌均匀，静置 2h，即为成品。

(2) 化学卷发液的测定

① 巯基乙酸铵含量测定（返滴定法）

用移液管吸取 50mL 0.1000mol/L 标准碘溶液于 500mL 碘量瓶中，加入 5mL 1∶3 的盐酸溶液，用差减法量取 0.7～1.5g 试样，精确至 0.0001g，加入碘量瓶中，用 0.1000mol/L 硫代硫酸钠标准溶液滴定至溶液颜色变浅，加入 5mL 淀粉溶液，滴定至溶液无色即为终点。

按同一方法进行空白试验，用硫代硫酸钠标准溶液滴定至终点。

$$巯基乙酸铵 = \frac{(V_1 - V_2) \times c \times 109.17}{m \times 100} \times 100\%$$

式中　V_1——空白试验消耗硫代硫酸钠标准溶液的体积，mL；

　　　V_2——试样消耗硫代硫酸钠标准溶液的体积，mL；

　　　c——硫代硫酸钠标准溶液的浓度，mol/L；

　　　m——卷发液试样的质量，g；

109.17——巯基乙酸铵摩尔质量，g/mol。

② 游离氨含量的测定

用移液管取 10mL 化学卷发液于 100mL 容量瓶中，用去离子水稀释至刻度，混匀。用移液管吸取其 10mL 于 250mL 锥形瓶中，加 50mL 去离子水，再准确加入 25mL 0.1mol/L 硫酸标准溶液，加热至沸腾，冷却后加入 2~3 滴溴甲酚绿-甲基红混合指示剂，用 0.1mol/L 氢氧化钠标准溶液滴定至红色变绿色即为终点。

$$游离氨含量(g/mL) = \frac{(25c_1 - Vc_2) \times 17.03}{V_样}$$

式中　c_1——硫酸标准溶液浓度，mol/L；

　　　　c_2——氢氧化钠标准溶液浓度，mol/L；

　　　　V——消耗氢氧化钠的体积，mL；

　　　　$V_样$——卷发液样品的体积，mL；

　17.03——氨的摩尔质量，g/mol。

【思考题】

① 硫脲-钡盐水解法制巯基乙酸铵需要哪些原料？写出主要反应方程式。

② 所用原料是否有毒或有腐蚀性？如何正确操作？

③ 简述烫发机理并写出相关化学反应方程式。

④ 化学卷发液的主要成分是什么？各起什么作用？

6-7　黏合剂的质量分析

【实验目的】

① 掌握黏合剂的质量分析方法。

② 进一步熟悉复杂物质的分析方法。

【实验内容】

一、黏合剂黏度的测定

1. 旋转黏度计法

（1）适用范围

牛顿流体或近似牛顿流体特性。

（2）测定原理

该法测定的是动力黏度，基于表观黏度随剪切速率变化而呈可逆变化。一定转速转动的转子在液体中克服液体的黏滞阻力所需的转矩与液体黏度成正比，阻力可从黏度计上读出。

（3）试样

均匀无气泡，满足测定需求。

（4）测定步骤

将盛有试样的容器放入恒温浴中，保持试样温度均匀，将转子垂直浸入试样中心，液面与转子液位标线相平，开动黏度计，读数，每个试样读三次。

（5）结果表示

三次读数中取最小值，保留三位有效数字，单位 Pa·s 或 mPa·s。

2. 黏度杯法

（1）适用范围

适用于 50mL 试样流出时间在 30~100s 内黏合剂的测定。

（2）测定原理

该法测定的是条件黏度，以一定体积的黏合剂在一定温度下从规定直径的孔中所流出的时间来表示。

（3）试样

均匀无气泡，满足测定需求。

（4）测定步骤

清洁黏度杯；试样和黏度杯在恒温室中恒温；固定黏度杯和量筒；堵住流出孔，试样倒满黏度杯；记录手指移开到接收量筒中液体到达 50mL 的时间，重复测定。

（5）结果表示

算术平均值表示，三位有效数字，单位 s。

二、不挥发物含量的测定

1. 测定原理

一定温度下加热试样，以加热后质量与加热前质量的百分比表示。

2. 试样温度、试验时间和取样量

见表 6-6。

表 6-6　试样温度、试验时间和取样量

项目	试验温度/℃	试验时间/min	取样量/g
氨基系树脂	103～107	175～185	1.5
酚醛树脂	132～137	58～62	1.5
其他	103～107	175～185	1.0

3. 测定步骤

称取试样于已称量至恒重的容器中，放入调好温度的鼓风干燥箱中，按有关规定确定加热时间。取出试样，放入干燥器冷却至室温，称重。

4. 结果计算

$$X = \frac{m}{m_0} \times 100\%$$

式中　m——加热后试样的质量，g；

　　　m_0——加热前试样的质量，g。

三、黏合剂适用期的测定

1. 测定原理

适用期：配制后的黏合剂能维持其使用性能的时间。

按规定时间间隔测定黏合剂的黏度或胶接强度，当黏度到达规定变化值或胶接强度低于规定值的时间作为黏合剂的适用期。

2. 测定步骤

黏合剂所有组分于 （23±2）℃下放置 4h，按黏合剂使用说明配制 250mL 黏合剂，放置于敞口烧杯中，计时，作为黏合剂适用期起始时刻，按一定时间间隔重复测定黏度，至达到预先规定值或增加到预先规定百分率为止。

3. 实验结果

按黏合剂黏度和胶接强度确定适用期，以黏度达到规定变化值和胶接强度小于规定值的

时间中取较短时间为黏合剂适用期，用 h 或 min 表示。

四、羟值的测定

1. 测定原理

$$ROH + \begin{array}{c} R'C \overset{\displaystyle O}{} \\ | \\ O \\ | \\ R'C \underset{\displaystyle O}{} \end{array} \longrightarrow RCOOR' + R'COOH$$

2. 测定步骤

$$\left.\begin{array}{l} 100\text{mL 新蒸馏吡啶} \\ 50\text{mL 新蒸馏醋酸酐} \end{array}\right\} 混合 \xrightarrow{\text{取 10mL}} 干燥后的样品 \xrightarrow{\text{2mL 蒸馏水、沸石}} 加热回流 \xrightarrow{\text{冷却}} 用吡啶$$

$$和醋酸酐冲洗冷凝管和磨口 \xrightarrow{\text{3~5 滴酚酞}} 1\text{mol/L KOH 标准溶液滴定}$$

3. 结果计算

$$羟值 = \frac{(V - V_0) \times c \times 56.11}{m}$$

式中　V——样品滴定所消耗的 KOH 的量，mL；

　　　V_0——样品滴定和空白滴定所消耗的 KOH 的量，mL；

　　　c——KOH 标准溶液的浓度，mol/L；

　　　m——样品的质量，g。

【思考题】

选择市场上一种常用的黏合剂，根据分析写一份该黏合剂的质量结果报告。

6-8　涂料的质量分析

【实验目的】

① 掌握涂料的分离与纯化方法。

② 进一步熟悉复杂物质的分析方法。

【实验内容】

一、涂料细度的测定

细度：表示涂料中所含颜料在漆中的分散程度，检测细度的目的是控制涂料中颗粒的大小及涂膜的细腻程度。

1. 测定原理

用刮板细度计将涂料铺展为厚度不同的薄膜，观察在何种粒度下显现出粒子。

2. 测定步骤

试样搅匀，在刮板细度计的最深处滴入试样数滴，双手持刮刀，横置在磨光平板上端（在试样边缘处），使刮刀与磨光平板表面垂直接触，在 3s 内，将刮刀由沟槽最深的部位向浅的部位拉过，使试样充满沟槽而平板上不留余样。刮刀拉过后，立即（不超过 5s）使视线与沟槽平面成 $15°\sim30°$ 角，对光观察沟槽中颗粒均匀显露处，记下读数（精确到最小分度值）。

二、涂料固体含量的测定

1. 测定原理

涂料在一定温度下加热烘烤后剩余质量与试样质量的比值，以百分数表示。

2. 测定步骤

（1）培养皿法

105℃左右烘一只干净的培养皿 30min，冷却称重，以减量法称取 1.5～2g 试样，置于培养皿中，均匀分布于容器底部，然后放入已设定温度的鼓风恒温烘箱内，一定时间后取出，冷却至室温称重，然后再放入烘箱内 30min，取出冷却称重至前后两次称量的质量差不超过 0.01g 为止。

（2）表面皿法

105℃左右烘两块干净而互相吻合的表面皿 30min，冷却称重，将试样放在一块表面皿中，使两块表面皿互相吻合，轻轻压下再分开，试样面朝上放入已设定温度的鼓风恒温烘箱中，一定时间后取出，冷却至室温称重，然后再放入烘箱内 30min，取出冷却称重至前后两次称量的质量差不超过 0.01g 为止。

3. 结果计算

$$X = \frac{m_2 - m_1}{m} \times 100\%$$

式中　m_1——容器质量，g；

　　　m_2——焙烘后试样和容器质量，g；

　　　m——试样质量，g。

三、干燥时间的测定

1. 测定原理

按照产品规定的干燥条件及干燥规定的时间，在距膜边缘不小于 1cm 的范围内检测膜是否表面干燥或实际干燥。

2. 测定步骤

试样搅匀后刷在铝板上制备涂膜，记录涂刷结束的时间。经过若干时间后，在距膜边缘不小于 1cm 的范围内轻触表面，发黏但不粘手，即为表干，记下时间。

表干后的涂层上放一张定性滤纸，滤纸上放置干燥试验器，若干时间后，移取试验器，将试样翻转使滤纸能自由落下而滤纸纤维不粘在涂膜上，记下时间，即为实干时间。

四、硬度的测定

硬度是指该表面被另一更硬物体穿入时表现的阻力。

1. 铅笔硬度法

（1）测定原理

利用一系列不同硬度的铅笔测定。

（2）测定步骤

准备一系列不同硬度的铅笔；将涂料置于一硬底材上，待全干后测硬度；将铅笔笔尖磨平至圆形横切面；用最硬的铅笔以 45°角接触漆膜，推力需平均；重复操作直到某一硬度的铅笔刮花漆膜；记录铅笔硬度。

2. 摆杆阻尼硬度法

（1）测定原理

接触漆膜表面的摆杆以一定的周期摆动时，摆杆的摆幅衰减与硬度成反比。

（2）测定步骤

按照相关规定制备涂膜样板，将样板在试验条件下至少放置 16h；调节仪器并使工作台水平；调整摆尖与标尺零点处于同一垂直位置；将摆杆偏转 6°；记录摆幅 3°～6°的时间；三次测量求平均值。

五、颜料遮盖能力的测定

1. 测定原理

颜料和调墨油研磨成色浆，均匀地涂刷于黑白格玻璃板上，使黑白格恰好被遮盖的最小颜料量，以 g/m^2 表示。

2. 测定步骤

按照规定将颜料和调墨油调匀；在天平上称取黑白格板质量；将颜料色浆均匀纵横地涂于黑白格板上；在暗箱内于两只 15W 日光灯照射下观察，黑白格恰好被颜料色浆遮盖时为终点，称量此时的黑白格板。

3. 结果计算

$$X = \frac{50m(m_1 - m_2)}{m + m_3}$$

式中　m——试样质量；

m_1——涂刷颜料色浆后黑白格板的质量；

m_2——涂刷前黑白格板的质量；

m_3——用去调墨油的质量。

4. 注意事项

调墨油：黏度 140～160mPa·s（25℃）、酸值不大于 7mgKOH/g，颜色不大于 7（铁钴比色计）。

【思考题】

选择市场上一种室内装修涂料，根据分析写一份该涂料的质量结果报告。

6-9　涂料成分的分析

【实验目的】

① 掌握涂料的分离与纯化方法。

② 进一步熟悉复杂物质的分析方法。

【实验原理】

涂料是指那些能涂覆在物件表面并能形成牢固附着的保护膜和装饰膜的工程材料。它既可以是无机材料，也可以是有机材料。其中，有机高分子是构成涂料的主要成分。涂料主要由成膜物质（基料、漆料）、颜料、有机溶剂或水、填料、助剂组成。对组成复杂的混合物，首先应将各组分有效地分离与提纯，常用的分离方法有高速离心、溶解、沉淀、萃取、蒸馏与柱色谱法等，然后用紫外光谱、红外光谱、核磁共振光谱及质谱等方法对分离开的各组分进行定性、定量及结构分析。

【实验步骤】

1. 初步试验

样品的来源和用途、外观、气味等。

2. 涂料中溶剂的分离与鉴定

量取适量涂料样品于圆底烧瓶内,在常压或减压下将溶剂蒸出,接收不同温度范围内的馏分,测定各馏分的红外光谱,并通过查阅红外标准谱图对溶剂进行定性与结构分析。

根据溶剂类型控制蒸馏温度。大部分涂料样品蒸馏温度宜控制在 $160\sim180℃$,此温度范围是甲苯、二甲苯、重质苯的馏出范围。特殊的,如聚氨酯漆,蒸馏温度应控制在 $150\sim160℃$,这是因为聚氨酯漆的有机溶剂是甲苯二异氰酸酯。对于橡胶漆,应注意控制蒸馏时间,防止样品在烧瓶内固化,不利于清洗,蒸馏时,装置和接收瓶应洁净干燥,否则,蒸馏出的有机溶剂含有水分,对红外定性不利。

3. 无机颜料与高聚物的分离及纯化

涂料中的颜料与其他组分大多是机械混合,可采用高速离心的方法将基料与颜料分离。对已经固化的涂膜,可用溴化钾压片法测其红外光谱,鉴别基料结构。对含有大量颜料的热塑性涂膜。可用萃取的方法分离基料与颜料,对热固性涂膜,可采用裂解的手段鉴别基料,采用灼烧的方法鉴别颜料。

分离出无机颜料后。涂料中的基料可采用溶解-沉淀法分离,以得到纯的高聚物树脂。而涂料中的其他助剂则留在滤液中。若涂料的成膜物是两种或两种以上聚合物的共混物,则可采用色谱法做进一步分离。

4. 无机颜料与高聚物的分离

在离心管中加入 $2\sim3mL$ 涂料样品。根据其类型,选择适当的溶剂 $6\sim8mL$,搅匀,离心。每次离心时间为 $5\sim10min$,转速为 $2500r/min$。第一次离心后,取上层清液(高聚物)保存于干净的磨口瓶中。再于离心试管中加入 $4\sim5mL$ 溶剂进行离心,上层清液可弃去。重复操作 $6\sim8$ 次,洗至上层清液不再变色,固体颜料呈松散状为止。将离心管烘干,测定颜料的红外光谱,对其进行定性与结构分析。

5. 高聚物的纯化

无机颜料第一次离心后的上层清液应透明澄清,其中溶有高聚物,注意保存时不要带入杂质,先做红外谱图,以大致了解其属性,可据此选择适当的溶剂(如乙醇、石油醚等)对高聚物提纯。不同系列的涂料可采用不同的沉淀剂,原则是溶于非极性溶剂的涂料采用极性溶剂作沉淀剂。溶于极性溶剂的涂料采用非极性溶剂作沉淀剂。大多数涂料可用乙醇提纯。

将上述高聚物溶液在红外灯下浓缩至 $2\sim3mL$,取 $20\sim30mL$ 沉淀剂于 $100mL$ 烧杯中,在搅拌下慢慢滴入浓缩后的高聚物溶液,产生沉淀,过滤并烘干沉淀,测其红外光谱。进行定性与结构分析。

若基料为聚合物的共混物,可采用经典的柱色谱法分离。采用 $100\sim120$ 目色谱硅胶,柱长 $15cm$,柱内径 $1cm$,湿法装柱。将 $1mL$ 约含 $500mg$ 样品的溶液加入柱头,用适当的溶剂洗脱,流速为 $1\sim1.5mL/min$,每隔 $5min$ 收集洗脱液于 $10mL$ 烧杯中。洗脱溶剂视样品性质而定,一般按极性从弱到强的顺序淋洗。然后用红外光谱法鉴别各馏分。

6. 涂料中助剂的分离

涂料中的助剂用量一般小于 5％，可采用各种分离手段分离富集助剂，以便进行分析鉴定。溶剂型涂料由于助剂与成膜树脂间的混溶性很好，加量又少，难以分离富集。而水性涂料所用助剂都是水溶性的，成膜树脂的水溶性稍差，利用它们在不同极性溶剂中的溶解性差异，采用溶解沉淀、柱色谱的方法可将树脂与各种助剂分开。

需注意的是，这类样品中的助剂在柱色谱分离时，淋洗液的选择非常重要，乳胶涂料中的助剂水溶性都很强，一般按淋洗液的极性从弱到强的顺序淋洗，基本上可将各种助剂分离开，然后用红外光谱法分别鉴定。

【思考题】

选择市场上一种室内装修涂料，根据分析写一份该涂料的成分结果报告。

6-10　酸值、碘值、皂化值的测定

【实验目的】

① 掌握酸值、碘值、皂化值的测定原理及方法。
② 了解"三值"测定的意义及应用。

【实验内容】

酸值、碘值、皂化值是评定油类、脂肪质量、属性的三个主要指标。

一、酸值测定

1. 实验原理

酸值：酸值是表示树脂反应进行程度的指标。酸值的定义为中和 1g 树脂中的游离酸所需氢氧化钾质量（mg），故酸值以"mgKOH/g"为单位。一般而言，酸值越小说明树脂反应程度越高。

2. 试剂

① 95％乙醇。
② 氢氧化钾标准溶液 $[c(KOH)=0.05mol/L]$：称取 3g 氢氧化钾溶于 1000mL 蒸馏水中，静置 1 周，取上层清液摇匀，标定。
③ 酚酞指示液：1g/L 乙醇溶液。
④ 中性乙醇：以酚酞为指示剂，用氢氧化钾标准溶液将 95％乙醇调至微红色。

3. 试验步骤

称取 3g 样品（准确至 0.0001g）于锥形瓶中，加 50mL 中性乙醇，在水浴上加热溶解后放至室温，加 1 滴酚酞指示剂，用氢氧化钾标准溶液滴至微红色，10s 不褪色即为终点。

4. 结果计算

酸值 X_1（mgKOH/g）计算：

$$X_1 = \frac{cV \times 56.1}{m}$$

式中　c——氢氧化钾标准溶液浓度，mol/L；

　　　V——样品消耗氢氧化钾标准溶液体积，mL；

　56.1——氢氧化钾的摩尔质量，g/mol；

m——试样质量，g。

二、碘值的测定

1. 实验原理

脂肪中的不饱和脂肪酸碳链上有不饱和键，可以吸收卤素（Cl_2、Br_2 或 I_2），不饱和键数目越多，吸收的卤素也越多。每 100g 脂肪，在一定条件下所吸收的碘质量（g），称为该脂肪的碘值。碘值愈高，不饱和脂肪酸的含量愈高。因此对于一个油脂产品，其碘值是处在一定范围内的。油脂工业中生产的油酸是橡胶合成工业的原料，亚油酸是医药行业治疗高血压药物的重要原材料，它们都是不饱和脂肪酸；而另一类产品如硬脂酸是饱和脂肪酸。如果产品中掺有一些其他脂肪酸杂质，其碘值会发生改变，因此碘值可被用来表示产品的纯度，同时推算出油脂的定量组成。在生产中常需测定碘值，如判断产品分离去杂（指不饱和脂肪酸杂质）的程度等。

本实验用硫代硫酸钠滴定过量的溴化钾与碘化钾反应放出的碘，以求出与脂肪加成的碘量。

$$IBr + KI \longrightarrow KBr + I_2$$
$$I_2 + 2Na_2S_2O_3 \longrightarrow 2NaI + Na_2S_4O_6$$

样品的最适量、碘值和作用时间具有一定的关系，如表 6-7 所列。

表 6-7　样品的最适量、碘值和作用时间的关系

碘值	<30	30～60	60～100	100～140	140～160	160～240
样品量/g	1.0	0.5～0.6	0.3～0.4	0.2～0.3	0.15～0.3	0.13～0.15
作用时间/h	0.5	0.5	0.5	1	1	1

2. 仪器和试剂

（1）仪器

碘值滴定瓶（250～300mL）或用具塞锥形瓶代替、量筒（10mL、50mL）、样品管（直径约 0.5cm、长 2.5cm）、滴定管（50mL）、分析天平。

（2）试剂

① 汉诺斯（Hanus）溶液：取 12.2g 碘，放入 1500mL 锥形瓶内，徐徐加入 1000mL 冰醋酸（99.5%），边加边摇，同时略加热，使碘溶解。冷却后，加溴约 3mL。

注意：所用冰醋酸不应含有还原物质。取 2mL 冰醋酸，加少许重铬酸钾及硫酸。若呈绿色，则证明有还原物质存在。

② 0.05mol/L 标准硫代硫酸钠溶液：将结晶硫代硫酸钠 50g 放在经煮沸后冷却的蒸馏水中（无 CO_2 存在）。添加硼砂 7.6g 或氢氧化钠 1.6g。（硫代硫酸钠溶液在 pH＝9～10 时最稳定）。稀释到 2000mL 后，用标准 0.02mol/L 碘酸钾溶液按下法标定。

准确地量取 0.02mol/L 碘酸钾溶液 20mL、10% 碘化钾溶液 10mL 和 0.5mol/L 硫酸 20mL，混合均匀。以 1% 淀粉溶液作指示剂，用硫代硫酸钠溶液进行标定。按下列反应式计算硫代硫酸钠溶液的浓度。

$$3H_2SO_4 + 5KI + KIO_3 \longrightarrow 3K_2SO_4 + 3H_2O + 3I_2$$
$$I_2 + 2Na_2S_2O_3 \longrightarrow 2NaI + Na_2S_4O_6$$

③ 纯四氯化碳。

④ 1% 淀粉溶液（溶于饱和氯化钠溶液中）。

⑤ 10％碘化钾溶液。

3. 实验步骤

用玻璃小管（约 0.5cm×2.5cm）准确称量 0.3～0.4g 样品（或约 0.1g 蓖麻油，约 0.5g 猪油）2 份。将样品和玻璃小管一起放入两个干燥的碘值测定瓶内，切勿使油粘在瓶颈或壁上。各加四氯化碳 10mL，轻轻摇动，使油全部溶解。用滴定管仔细地向每个碘值测定瓶内准确加入汉诺斯（Hanus）溶液 25mL，勿使溶液接触瓶颈。塞好玻璃塞，在玻璃塞与瓶口之间加数滴 10％碘化钾溶液封闭缝隙，以防止碘升华逸出造成测定误差。然后，在 20～30℃的暗处放置 30min。根据经验，测定碘值在 110 以下的油脂时放置 30min，碘值高于此值则需放置 1h；放置温度应保持在 20℃以上，若温度过低，放置时间应增至 2h。放置期间应不时摇动。卤素的加成反应是可逆反应，只有在卤素绝对过量时，该反应才能进行完全。所以油吸收的碘量不应超过汉诺斯（Hanus）溶液所含碘量的一半。若瓶内混合液的颜色很浅，表示油用量过多，应再称取较少量的油，重做。

放置 30min 后，立刻小心打开玻璃塞，使塞旁碘化钾溶液流入瓶内，切勿丢失。用新配制的 10％碘化钾 10mL 和蒸馏水 50mL 把玻璃塞上和瓶颈上的液体冲入瓶内，混匀。用 0.05mol/L 硫代硫酸钠溶液迅速滴定至瓶内溶液呈浅黄色。加入 1％淀粉约 1mL，继续滴定。将近终点时，用力振荡，使碘由四氯化碳全部进入水溶液内。再滴至蓝色消失为止，即达到滴定终点。用力振荡是滴定成败的关键之一，否则容易滴过头或不足。如果振荡不够，四氯化碳层呈现紫色或红色，此时需继续用力振荡使碘全部进入水层。

滴定完毕放置一些时间后，滴定液应返回蓝色，否则就表示滴定过量（为什么？）。另做两份空白对照，除不加油样品外，其余操作同上。滴定后，将废液倒入废液瓶，以便收回四氯化碳。

注意：实验中使用的仪器，包括碘值测定瓶、量筒、滴定管和称样品用的玻璃小管，都必须是洁净、干燥的。

4. 结果计算

碘值表示 100g 脂肪所能吸收的碘的质量（g），因此样品的碘值计算如下：

$$碘值 = \frac{(A-B)T \times 10}{C}$$

式中　A——滴定空白用去的硫代硫酸钠溶液平均体积，mL；

　　　B——滴定样品用去的硫代硫酸钠溶液平均体积，mL；

　　　C——样品质量，g；

　　　T——与 1mL 0.05mol/L 硫代硫酸钠溶液相当的碘的质量，g。

测定脂肪酸和其他脂类物质的碘值时，操作方法完全相同。

双实验结果允许差，碘价在 100 以上时不超过 1；碘价在 100 以下时不超过 0.6，求平均数，即为测定结果。测定结果取小数点后第一位。均数，即为测定结果。测定结果取小数点后第一位。

三、皂化值的测定

油脂皂值的定义是：皂化 1g 油脂中的可皂化物所需氢氧化钾的质量，单位为 mg/g。

可皂化物一般含游离脂肪酸及脂肪酸甘油酯等。皂化值的大小与油脂中所含甘油酯的化学成分有关，一般油脂的相对分子质量和皂化值的关系是：甘油酯相对分子质量愈小，皂化值愈高。另外，若游离脂肪酸含量增大，皂化值随之增大。

油脂的皂化值是指导肥皂生产的重要数据，可根据皂化值计算皂化所需碱量、油脂内的脂肪酸含量和油脂皂化后生成的理论甘油量三个重要数据。

1. 实验原理

测定皂化值是利用酸碱中和法，将油脂在加热条件下与一定量过量的氢氧化钾乙醇溶液进行皂化反应。剩余的氢氧化钾以酸标准溶液进行反滴定。并同时做空白试验，求得皂化油脂耗用的氢氧化钾量。其反应式如下：

$$(RCOO)_3C_3H_5 + 3KOH \longrightarrow 3RCOOK + C_3H_5(OH)_3$$
$$RCOOH + KOH \longrightarrow RCOOK + H_2O$$
$$KOH + HCl \longrightarrow KCl + H_2O$$

2. 试剂和仪器

① 氢氧化钾乙醇标准溶液：$c(KOH) = 0.5mol/L$ 的乙醇溶液。28.1g 氢氧化钾溶于 1L 95% 的乙醇中。静置后用虹吸法吸出清液，以除去不溶的碳酸盐，并避免空气中的二氧化碳进入溶液而形成碳酸盐。

② 盐酸标准溶液：$c(HCl) = 0.5mol/L$。

③ 酚酞指示剂：$\rho(酚酞) = 1\%$ 的乙醇溶液。

④ 恒温水浴；滴定管（50mL）。

3. 实验步骤

称取已除去水分和机械杂质的油脂样品 3～5g（如为工业脂肪酸，则称 2g，称准至 0.0001g），置于 250mL 锥形瓶中，准确放入 50mL 氢氧化钾乙醇标准溶液，接上回流冷凝管，置于沸水浴中加热回流 0.5h 以上，使其充分皂化。停止加热，稍冷，加酚酞指示剂5～10 滴，然后用盐酸标准溶液滴定至红色消失为止。同时吸取 50mL 氢氧化钾乙醇标准溶液按同法做空白试验。

4. 结果计算

$$油脂皂 = \frac{[c(V_0 - V_1) \times 56.1]}{m}$$

式中　c——标准溶液实际浓度，mol/L；

　　m——样品质量，g；

　56.1——氢氧化钾的摩尔质量，mol/L；

　V_0——空白实验消耗盐酸标准溶液的体积，mL；

　V_1——试样消耗盐酸标准溶液的体积，mL。

5. 注意事项

① 如果溶液颜色较深，终点观察不明显，可以改用 $\rho = 10g/L$ 的百里酚酞作指示剂。

② 皂化时要防止乙醇从冷凝管口挥发，同时要注意滴定液的体积，酸标准溶液用量大于 15mL，要适当补加中性乙醇，加入量参照酸值测定。

③ 两次平行测定结果允许误差不大于 0.5。

【思考题】

① 碘值测定时能否用含水酒精溶解样品？

② 碘值测定滴定完毕放置一段时间后，滴定液应返回蓝色，否则就表示滴定过量为

什么？

③ 样品与碘-酒精溶液在放置 5min 的过程中是否发生了取代反应？

④ 影响皂化反应速率的因素有哪些？

⑤ 用皂化反应测定酯时，哪些化合物存在干扰？写出反应方程式。

⑥ 皂化反应空白实验是否需要回流水解？

第七部分　农副产品和生化制品的开发

7-1　从米糠中提取植酸钙

【实验目的】

① 了解植酸钙的组成及其性质。

② 掌握从米糠中提取植酸钙的操作方法。

【实验原理】

植酸钙为植酸（即环己醇磷酸酯）钙、镁等离子形成的一种复盐，又叫菲丁，分子式通式为 $C_6H_6O_{24}P_6Mg_4Ca(Me)_2 \cdot 5H_2O$，式中 Me 取决于提取时使用沉淀剂所含的金属离子，如 K^+、Na^+ 等。植酸广泛存在于米糠、花生、棉籽等植物油料中。脱脂米糠中含量达 10% 左右。植酸钙为无色、无定形粉末，无味、无嗅，不溶于醇、醚、丙酮等有机溶剂，微溶于水，在酸性溶液中能离解成为易溶于水的植酸和金属离子。其提取原理就是先用酸液将它从米糠中浸取出来，再经中和、沉淀、精制而得。

【实验用品】

脱脂米糠、盐酸、新鲜石灰、氯化钠、氯化钙、活性炭、电炉、烧杯、玻棒、抽滤机、干燥箱、研钵、温度计、20 目样筛、100 目样筛、pH 试纸、滤纸。

【实验步骤】

1. 粉碎

将米糠饼先粉碎，过 20 目样筛，制得糠粉。

2. 酸浸

在 100 份饼粉中，加入 20g NaCl 和 600 份清水，在不断搅拌下用 6mol/L HCl 调节浸取液 pH 值为 2～3，温度保持在 30℃ 左右，冬季浸泡 6～8h，夏季浸泡 4～6h，同时搅拌。

3. 过滤

充分静置后，吸取上层浸取清液抽滤并用 100mL 水洗涤糠渣，同样静置抽滤。将滤液合并，滤渣回收作饲料。

4. 中和、沉淀

在上述滤液中加入新鲜石灰乳，边加边搅拌，控制溶液的 pH 值为 7.0 左右，停止加石灰乳，继续搅拌 15min，静置沉淀 1～2h。（新鲜石灰乳配制：新鲜生石灰：水＝1：10，充分溶解后，用 100 目样筛过滤）。

5. 洗涤、过滤

先吸去上层清液后，将下层沉淀抽滤，并用 60℃ 热水洗涤沉淀数次，直至洗液不呈浅黄色为止。

6. 精制

在植酸钙粗品中加入 8 倍量水，用 2mol/L HCl 调节 pH 值为 1～2 使植酸钙重新溶解，再加入粗品 2/3 的 $CaCl_2$，搅拌溶解后，加液量 1％～2％的活性炭，在加热煮沸下保温褪色 15～20min，然后过滤，滤液用 10％Na_2CO_3 调节 pH＝4.5，搅拌 10min，静置 1h，吸去上层清液，下层沉淀即为精制植酸钙，抽滤后用 80℃热水洗涤沉淀数次，直至洗涤液中用 5％硝酸银溶液检验不出白色沉淀为止，抽干后用干燥箱在 50～70℃下干燥 24h，研细即得医药级植酸钙。

【思考题】

① 在糠饼粉浸泡时，为什么浸泡液 pH 值应控制在 3 以下？

② 在用石灰乳中和时，为什么必须选用新鲜、优质的生石灰？

③ 在精制过程中加入 $CaCl_2$ 的用途是什么？

7-2　从猪血中提取血红素

【实验目的】

① 了解血红素的结构和一般理化性质。

② 掌握从猪血中提取血红素的生产方法和操作过程。

【实验原理】

血红素是存在于高等动物的血液、肌肉中的红色色素（见图 7-1），是载体血红蛋白的辅基，是由一个 Fe 和卟啉环构成的化合物。是影响肉制品颜色的主要色素。血红素存在于肌红蛋白与蛋白的分子中，肌红蛋白（见图 7-2）分布在肌肉的组织细胞内，血红蛋白分布在各种大小血管中。它们都是生物代谢中 O_2 的载体。所以，血红蛋白（Hemoglobin）和肌红蛋白（Myoglobin）是动物肌肉的主要色素蛋白质。

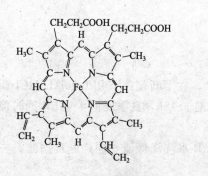

图 7-1　血红素基团的结构

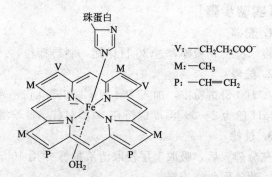

图 7-2　肌红蛋白结构简图

　　它易溶于氨水、氢氧化钠等碱中，但难溶于丙酮、乙醇、盐酸、乙酸钠等，根据它的这些性质，可利用丙酮、乙酸钠等将它们从血液中萃取分离出来。

　　从猪血中提取出的血红素是薄片结晶体，它在透射光中呈现棕色，在反射光中呈现钢蓝色。它在医疗、食品等行业中有广泛的用途。

【实验用品】

柠檬酸三钠、丙酮、亚硫酸氢钠、盐酸、乙酸钠、氢氧化钠、无水乙醇、乙醚、电炉、水浴锅、蒸馏装置、滤布、烧杯、干燥器、精密 pH 试纸、抽滤机。

【实验步骤】

1. 采血

先在盛猪血的容器中加入相当于血量1%的抗凝剂——柠檬酸三钠，并用少量水将其溶解。当新鲜猪血掺入后，充分搅匀，然后静置。

2. 除血清

猪血静置数小时后会出现明显的分层，用吸管吸去上层血清，保留下层血浆供实验用。

3. 水解

量取血浆 50mL 加入 0.1～0.2g $NaHSO_3$（须先用少量水溶解）稍加搅拌使之均匀。再加入 200mL 的丙酮-HCl 溶液（在 194mL 丙酮中加入 6mL 盐酸即可）。搅拌 10min，使细胞彻底水解。

4. 过滤、碱化

用滤布将水解产生的沉淀滤去再往溶液中慢慢滴加5%的 NaOH 溶液，用精密试纸测定溶液的 pH 值为 4.2～5.0 即可。

5. 沉淀、过滤

将碱化好的溶液加入1%量的乙酸钠（按溶液量计量，并先用少量水将固体溶解）加入后搅拌均匀，静置数分钟后，即有无定形的沉淀产生，用滤布滤出沉淀即为血红素粗品。（滤液作回收丙酮用）。

6. 冲洗、纯化

先用适量蒸馏水冲洗滤布的沉淀，滤干后再依次用无水乙醇、乙醚各洗涤沉淀两次，以除去其中的有机杂质。

7. 干燥

将洗净后抽干的沉淀放入干燥器内，经数小时密封干燥，即可得到钢蓝色的血红素成品，收集于棕色瓶中，密封保存。

【注意事项】

① 碱化是提高产品质量和数量的关键，要注意慢滴快搅，碱液不能加得过快过猛，并应严格控制其 pH 值。

② 滤出血红素粗品后的丙酮-盐酸滤液应用来回收丙酮，回收方法可采用水浴加热蒸馏，收集其 55～60℃ 的馏分即可，回收的丙酮可反复使用，一般丙酮回收率可达 50%～70%，这是降低其生产成本的主要途径。

③ 生产过程中要注意通风、防火、防毒。

【思考题】

① 新鲜的猪血不能及时处理时应怎样保存？

② 生产过程中加入 $NaHSO_3$ 的作用是什么？

7-3　人发中提取胱氨酸

【实验目的】

① 了解胱氨酸的一般理化性质及氨基酸等电点的意义和应用价值。

② 练习和掌握从人发中提取胱氨酸的生产原理和操作过程。

【实验原理】

胱氨酸的化学名称为双疏代氨基丙酸（或双疏丙氨酸），是人体及动物体中必需的氨基酸之一，它主要是通过肽键、氢键、二硫键等同其他氨基酸一道构成蛋白质而存在。其中的角蛋白就是胱氨酸的存在形式之一。人体、动物体的毛发中含大量的角蛋白，将角蛋白在酸碱或酶的作用下水解，使分子中有肽键、二硫键、氢键等断裂，就可得到胱氨酸等多种游离氨基酸：

$$\text{毛发（角蛋白）} \xrightarrow[\text{酸、碱或酶}]{\text{水解}} \begin{array}{c} NH_2 \\ | \\ S-CH_2-CH-COOH \\ | \\ S-CH_2-CH-COOH \\ | \\ NH_2 \end{array} + \text{其他氨基酸}$$

胱氨酸是呈六方形板状结晶，无味，不溶于乙醇，难溶于水，易溶于酸或碱溶液。它有促进机体细胞氧化和还原的机能，有增加蛋白细胞和阻止病原菌繁育等作用，在食品工业、药业工业、生物化学及营养学研究等领域有着广泛的用途，是一种贵重的化学、医药原料。

本实验采用含胱氨酸较为丰富的人发作原料，在酸的作用下进行水解，然后利用在等电点时氨基酸可得到最小溶解度的特性，调节水解液的 pH 值达到胱氨酸的等电点 4.8，使它从水解液中沉淀分离出来，再经过滤、脱色、重结晶等进行纯化，得到胱氨酸的粗级成品。

【实验用品】

盐酸、氢氧化钠、氨水、乙醇、活性炭、液体石蜡、人发、圆底三颈烧瓶、烧杯、冷凝管、漏斗、温度计、胶管、铁架台、电炉、抽滤装置、精密 pH 试纸（3.8～5.4）、滤纸（布）、烘箱等。

【实验步骤】

1. 洗发

将 10g 人发浸入清水中，用 NaOH 调 pH 值为 8～9，在 40～50℃下浸泡半小时，并不时加以搅拌，将头发上的油脂和脏物洗除，捞起后用清水反复冲洗，至中性。

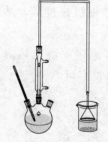

图 7-3 水解

2. 水解

称取已洗净的头发 10g 放入烧瓶中，并加入 30mL 浓 HCl。用油浴加热至 112～118℃，保温回流 2h（见图 7-3）。取少量水解液用双缩脲反应检验（见后注）至水解完全。再保温回流 2h。

3. 粗结晶

打开瓶塞，加入等体积的水，继续加热，使之蒸发至原体积的 1/3，趁热过滤。过滤时可先用较稀的玻璃布抽滤出黑腐质，再用较密的玻璃布抽滤一次，去除残渣。滤液中加入 1g 活性炭，加热搅拌脱色 10min，趁热滤去活性炭，滤液呈浅黄色。根据情况可脱色 1～2 次。控制滤液温度为 55～60℃，在不断搅拌下滴加浓氨水，随时测试其 pH 值，当有灰白色沉淀泛起时，减慢滴加速度，用精密试纸测试 pH 值，至 pH＝4.8。继续搅拌 10min，静置沉淀 12h 以上，抽滤后得到胱氨酸粗品。

4. 重结晶

将胱氨酸粗品用 15mL 0.5mol/L HCl 溶液溶解，加入活性炭 1g，小火煮脱色 10min，趁热滤去活性炭，滤液应无色透明。滤液在不断搅拌下滴加 10% 氨水进行中和，使 pH 值达 4.8 为止，静置数小时，即可析出白色胱氨酸晶体。

5. 洗涤干燥

过滤出晶体，并用蒸馏水洗涤晶体至无 Cl^-，再用无水乙醇冲洗一次，抽干后于 $55 \sim 60℃$ 下烘干，即得成品。成品纯度可达 95％以上，溶点 $258 \sim 261℃$，产率 3％～5％。

【注】双缩脲反应：

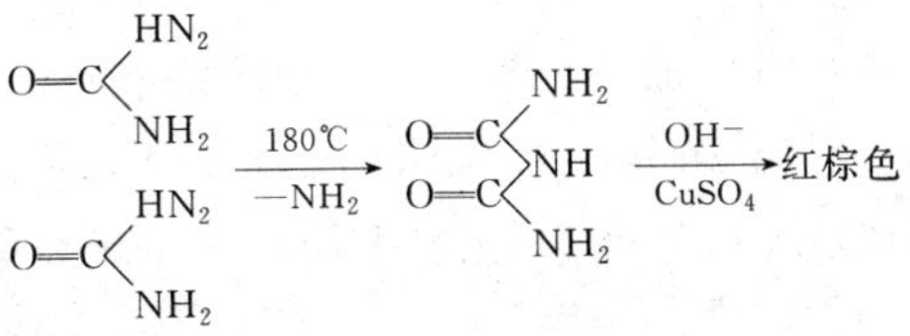

由于蛋白质中含有肽键（ —$\overset{O}{\overset{\|}{C}}$NH—$\overset{O}{\overset{\|}{C}}$— ），故有此显色反应，而水解后生成的单个氨基酸无此反应，所以通过双缩脲反应可检测水解是否完全。其操作为：取水解液 2mL，加入 10％NaOH 2mL，2％ $CuSO_4$ 4～5 滴，摇匀后如仍显蓝色，即表示水解已完全。如果变色则说明水解不完全。

【思考题】

① 头发在水解时，为什么需严格控制温度为 112～118℃？

② 在用氨水中和结晶时，为什么要严格控制 pH 值为 4.8？

7-4　直接法快速提取胆红素

【实验目的】

① 了解胆红素的基本结构和理化性质。

② 掌握直接法快速提取胆红素的操作过程。

【实验原理】

胆红素是存在于人和动物胆汁中的天然色素之一，分子式为：$C_{33}H_{36}N_4O_6$，其结构是由四个吡咯环通过三个碳原子相连接的大分子化合物：

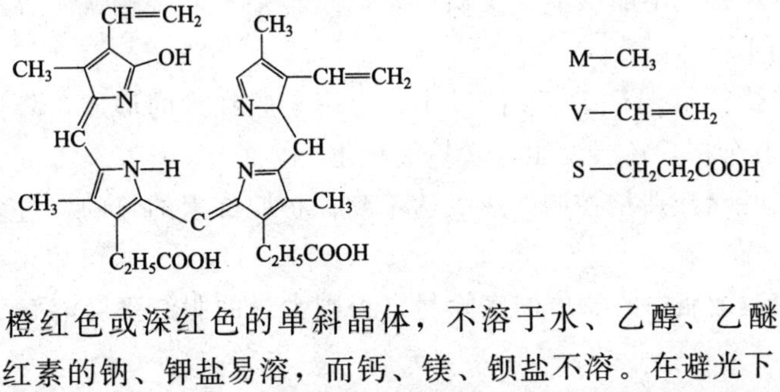

胆红素是一种橙红色或深红色的单斜晶体，不溶于水、乙醇、乙醚，而可溶于氯仿、苯、二硫化碳。胆红素的钠、钾盐易溶，而钙、镁、钡盐不溶。在避光下，于氯仿溶液中或干燥固体时较为稳定。在碱中或遇三价铁时很不稳定，易被氧化成胆绿素。

胆红素是人工牛黄的主要原料，在医药行业中有其重要功用。

【实验用品】

猪苦胆、$CHCl_3$、$NaHSO_3$、NaOH、HCl、C_2H_5OH、$C_2H_5OC_2H_5$、电炉、烧杯、不锈钢刀、温度计、分液漏斗、玻棒、蒸馏装置、抽滤机、pH 试纸、滤布、水浴锅。

【实验步骤】

① 取新鲜或冷冻苦胆，用清水洗净外部，用不锈钢刀破胆取汁。用细密砂布或丝织布将胆汁过滤，去掉油脂杂物，装入烧杯，测其体积。

② 以 100mL 胆汁为例，先加入 1～1.5mL 的氯仿充分搅拌，再将 0.2～0.5g $NaHSO_3$ 用少量蒸馏水溶解后加入、搅匀。

③ 将胆汁加热至 75～80℃时，加入 1mol/L NaOH 溶液 6～10mL，用 pH 试纸测其 pH 值为 11 后再继续加热至沸，保温 3min，测其 pH 值为 8～9，迅速冷却至室温。

④ 再向冷却后的溶液中加入 0.1～0.15g $NaHSO_3$ 和 30mL 氯仿，不要剧烈搅动而只需轻轻搅动。

⑤ 向混合溶液中慢慢滴加 1∶5 的稀盐酸 5～9mL，迅速搅动并用精密 pH 试纸测定 pH 值为 3.5～3.8 为止，立即转入分液漏斗，静置分层。

⑥ 数分钟后可观察到液体分为两层，上部是淡黄色的乳状水层，下部是溶有胆红素的红棕色氯仿层。从分液漏斗中将下层氯仿放出。

⑦ 将上部剩下的黄色水层再倒回烧杯中，另加入 15～20mL 氯仿，充分搅拌后进行第二次萃取，这时若溶液的 pH 值有变化，再用稀盐酸调节 pH 值为 3.5～4.0，转入分液漏斗，静置分层，分离出下部氯仿溶液。

⑧ 合并两次的氯仿萃取液，在 85～90℃的水浴中蒸馏回收氯仿（沸点 61.7℃）。待有大量红棕色胆红素晶体析出，还剩下少量氯仿液时暂停蒸馏（不能完全蒸干）。

⑨ 往蒸馏瓶中加入 6～10mL 95％的乙醇，在水浴中继续蒸馏，使乙醇将剩余的少量氯仿一并蒸馏带出，并用另一容器收集该馏分。这一步要求将氯仿彻底蒸出为止。

⑩ 将析出的胆红素和剩余的乙醇冷却至室温，抽滤分离出胆红素晶体，滤出的晶体再分别用无水乙醇和乙醚冲洗、抽干。

⑪ 将胆红素进行真空干燥或在 50～60℃下烘干，收集于棕色瓶中，密封、避光、防潮下保存。

【注意事项】

① 猪苦胆要求新鲜，不能发臭、变质；生产过程中不能接触铁质容器或工具，所用的水也不能含有较多的 Fe^{3+}。

② 酸化时要严格控制 pH 值。酸性过小，会影响胆红素的形成，降低产率和纯度；酸性过大，不仅影响其分层，还会使胆红素易被氧化。

③ $NaHSO_3$ 的用量应严格控制，过少达不到保护胆红素的目的，过多易使胆红素形成钠盐而损失。

④ 过滤前应使蒸馏瓶中的氯仿彻底除尽，否则大量的胆红素会溶解于氯仿中而进入滤液，造成严重损失。

⑤ 生产操作应在通风避光的条件下进行，注意防火、防毒。

【思考题】

① 提取过程中加入 $NaHSO_3$ 的作用是什么？有资料介绍在蒸馏氯仿时也可加入少量 $NaHSO_3$ 固体，但最后又怎样才能将它从胆红素固体中除去呢？

② 为什么过滤前必须将氯仿蒸馏干净？怎样才能检验剩余的乙醇液中不再含有氯仿呢？

③ 在胆汁的酸化过程中，为什么要严格控制 pH 值，酸度过高或过低有何影响？

7-5　槐花米中芦丁的提取、分离、鉴定

【实验目的】

① 了解苷类结构研究的一般程序和方法。
② 掌握柱层析的原理及洗脱剂的选择方法。
③ 掌握提取黄酮类化合物的原理和方法。

【实验原理】

芦丁（rutin）又称云香苷（rutioside）有调节毛细管壁渗透性的作用，临床上作为高血压症的辅助治疗药物。

芦丁对紫外线和 X 射线具有极强的吸收作用，作为天然防晒剂，添加 10％的芦丁，紫外线的吸收率高达 98％。

芦丁为浅黄色粉末或极细的针状结晶，含有三分子的结晶水，熔点为 174～178℃，无水芦丁熔点为 188～190℃。

芦丁溶于热水，难溶于冷水，且分子具较多酚羟基，显弱酸性，在碱液中易溶，在酸中易析出沉淀。

溶解度：冷水中为 1∶10000；热水中为 1∶200；冷乙醇 1∶650；热乙醇 1∶60；冷吡啶 1∶12。微溶于丙酮、乙酸乙酯，不溶于苯、乙醚、氯仿、石油醚，溶于碱而呈黄色。

本实验选择芦丁溶于热水、不溶于冷水的性质进行提取，用聚酰胺柱色谱法和硅胶柱色谱法分离提纯芦丁，用化学法和光谱法鉴定其结构。

芦丁存在于槐花米和荞麦叶中，槐花米是槐系豆科槐属植物的花蕾，含芦丁量高达 12％～16％，荞麦叶中含 8％，芦丁属于黄酮类化合物。黄酮类化合物的基本结构如下：

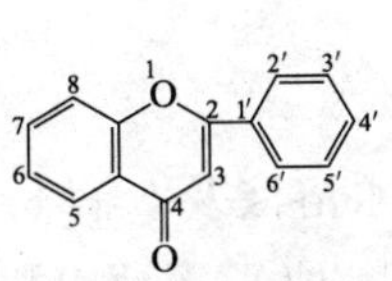

黄酮的中草药成分几乎都带有一个以上羟基，还可能有甲氧基等其他取代基，3、5、7、3′、4′几个位置上有羟基或甲氧基的机会最多，6、8、6′、2′等位置上有取代基的成分比较少见。由于黄酮类化合物结构中的羟基较多，大多数情况下是一元苷，也有二元苷。芦丁是黄酮苷，其结构如下：

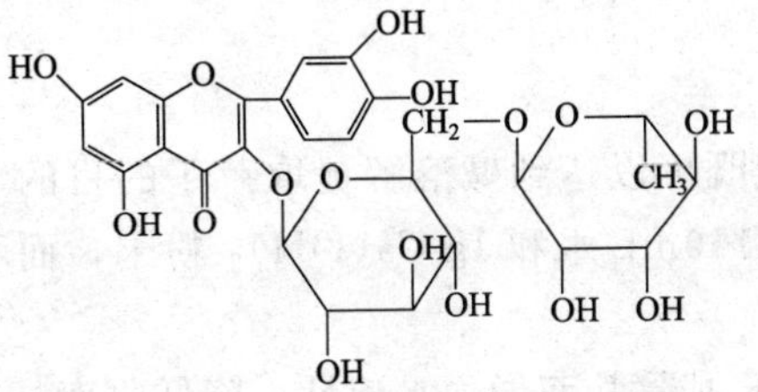

芦丁（槲皮素-3-O-葡萄糖-O-鼠李糖）呈淡黄色小针状结晶，不溶于乙醇、氯仿、石油醚、乙酸乙酯、丙酮等溶剂，易溶于碱液中呈黄色，酸化后复析出，可溶于浓硫酸和浓盐酸呈棕黄色，加水稀释复析出。

【仪器药品】

1. 器材

烧杯（250mL）、抽滤装置、试管、表面皿、紫外灯、电炉、台秤。

2. 药品

槐花米、饱和石灰水溶液、盐酸（15%）、浓盐酸、Na_2CO_3（10%）、pH 试纸、Fehling Ⅰ 和 Fehling Ⅱ、镁粉、饱和芦丁水溶液、饱和芦丁乙醇溶液。

【实验步骤】

一、总黄酮的提取

方法一：称取槐花米 15g，在乳钵中研碎，放入烧杯中，加入 250mL 沸水，煮沸 1h，经棉布过滤；滤渣再用 200mL 水煮沸 0.5h，棉布过滤。合并两次提取液，放置，析出沉淀。倾出上清液，抽滤沉淀，得总黄酮粗品。

方法二：称取 16g 槐花米于研钵中研成粉状物，置于 250mL 烧杯中，加入 100mL 饱和石灰水溶液（见附注①），于石棉网上加热至沸，并不断搅拌，煮沸 15min 后，抽滤。滤渣再用 100mL 饱和石灰水溶液煮沸 10min，抽滤。合并两次滤液，然后用 15%盐酸中和（约需 3mL），调节 pH 值为 3～4（见附注②）。放置 1～2h，使沉淀完全。抽滤（见附注③），沉淀用水洗涤 2～3 次，得到芦丁的粗产物。

将制得的粗芦丁置于 250mL 的烧杯中，加水 100mL，于石棉网上加热至沸，不断搅拌并慢慢加入约 30mL 饱和石灰水溶液，调节溶液的 pH 值为 8～9，待沉淀溶解后，趁热过滤。滤液置于 250mL 的烧杯中，用 15%盐酸调节溶液的 pH 值为 4～5，静置 0.5h，芦丁以浅黄色结晶析出，抽滤。产品用水洗涤 1～2 次，烘干，熔点 174～176℃，芦丁熔点文献值为 174～178℃。

二、芦丁的性质

1. 糖苷的水解

取一支试管，加入 1mL 饱和芦丁水溶液及 5 滴 3mol/L 硫酸，将此试管放在沸水浴中煮沸 15～20min。冷却后，加入 10%Na_2CO_3 溶液中和至碱性（用 pH 试纸检验）。

取 2 支试管，分别加入 Fehlig Ⅰ 和 Fehlig Ⅱ 试剂各 0.5mL，混合均匀后于水浴中微热。分别加入 1mL 上述水解液、饱和芦丁水溶液，振荡后于沸水浴中加热 3～4min。观察结果。

2. 还原显色反应

取一支试管，加入 1mL 饱和芦丁乙醇溶液，然后加入少量镁粉，振摇，滴加几滴浓盐酸（见附注④）。观察结果。

【附注】

① 加入饱和石灰水溶液既可以达到碱溶解提取芦丁的目的，又可以除去槐花米中大量多糖黏液质，也可直接加入 150mL 水和 1g $Ca(OH)_2$ 粉末，而不必配成饱和溶液，第二次溶解时只需加 100mL 水。

② pH 值过低会使芦丁形成锌盐而增加水溶性，降低收率。

③ 抽滤可用棉布代替滤纸进行。

④ 芦丁能被镁粉-盐酸和锌粉-盐酸还原而显红色。

产物加碱至呈碱性将变为绿色。

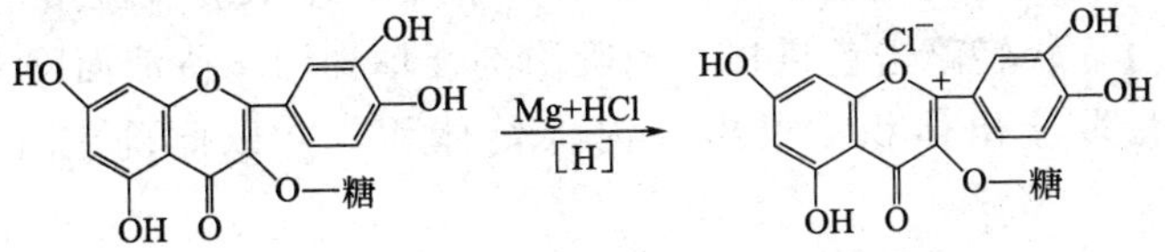

花色苷元（红色）

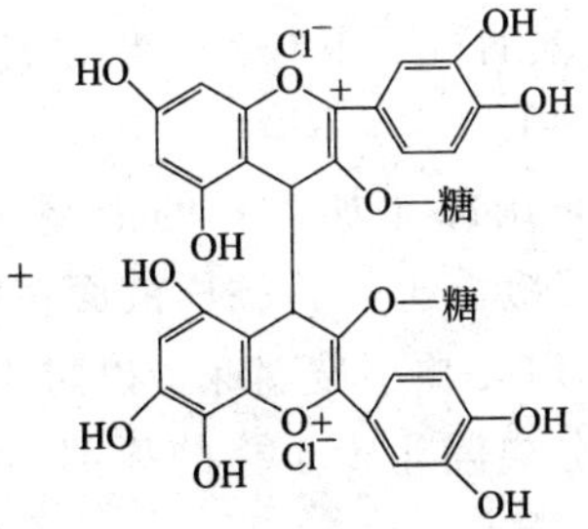

双花色苷元（红色）

三、黄酮的分离

（一）聚酰胺柱色谱的分离原理

柱色谱是中草药有效成分研究中一种常用的分离技术，特别是对于结构相似而不能采用一般萃取、重结晶、沉淀等方法分离的化学成分，通过选用合适的固定相和流动相，采用柱色谱法均可得到较好的分离效果。

聚酰胺是一种常用的吸附剂，其分子中存在许多酰胺键，可与酚类、酸类、醌类、硝基化合物形成氢键缔合而产生吸附作用；又由于不同结构的化合物与聚酰胺形成氢键的能力不同，因而产生的吸附力大小也不同，所以聚酰胺特别适于用来分离上述各类化合物。芦丁和槲皮素均属于黄酮类化合物，前者为黄酮苷，后者是其苷元，芦丁分子中有4个酚羟基能与聚酰胺形成氢键，而槲皮素分子中则有5个羟基能与聚酰胺形成氢键缔合，因此后者比前者被吸附得更牢固。选用水和不同浓度的乙醇进行洗脱，芦丁先出柱，槲皮素后出柱，从而达到分离的目的。

（二）操作条件

色谱柱：1.5cm×30cm 或用 50mL 的酸式滴定管代替。

样品：芦丁和槲皮素的混合物。

吸附剂：色谱用聚酰胺（30～60目）。

洗脱剂：蒸馏水、70%乙醇。

检　识：薄层板。

展开剂：乙酸乙酯：丁酮：甲酸：水＝5：3：1：1

显色：氨气熏、紫外灯。

（三）操作步骤

1. 装柱

将色谱柱垂直架在铁架台上，若柱底没有玻璃砂芯，可加点棉花，以防填料漏出。关闭柱塞（不要涂油脂），加蒸馏水约至色谱柱一半高。称取色谱用聚酰胺6g，置于烧杯中，加蒸馏水100mL轻轻摇匀，放置过夜，使之充分膨胀。装柱前轻轻搅动并倾去上层混浊液，下层再加蒸馏水重复洗两次（注意计算水量，以计算柱内保留体积）。将洗好的聚酰胺连水一次倒入已处理好的柱内，打开下口开关，让水缓缓流出，在吸附剂下沉的同时，可用橡皮塞对称轻轻敲击色谱柱，使吸附剂装填均匀。待液面降至吸附剂顶部 1cm 处时，关住下口，量取流出体积，求出柱内保留体积，并以此确定开始收集洗脱液的时间。

2. 上样

样品的预处理：将以上所得到的粗芦丁约 3g，放入蒸发皿中，加乙醇 5～8mL 使之溶解，再加柱层析用硅胶 2g，（因为湿的芦丁不好装，与硅胶混合形成干粉末好装柱）用玻棒轻轻搅拌，在水浴上赶去乙醇，待用。

将上述预处理好的样品，小心用漏斗加入柱的上端，用吸管吸取蒸馏水洗净柱内壁黏附的样品，同时打开活塞让水缓缓流出，待柱内液面在吸附剂上端 1cm 时关住，并用小滤纸片或棉花盖住（聚酰胺表面压以几颗小玻璃珠，以防止加入洗脱剂洗脱时破坏该平面而影响分离效果）。将装有洗脱剂的分离漏斗置于柱的顶部，柱下口处接以收集瓶，即可开始洗脱。

3. 洗脱与收集

一切准备完毕，即可按以下溶剂梯度进行洗脱，当有淡黄色液体从柱下流出时开始收集洗脱液。

蒸馏水　　　　　　100mL

20%乙醇　　　　　 100mL

50%乙醇　　　　　 100mL

70%乙醇　　　　　 150mL

流速 3～4mL/min，50mL/份，并对各流分编号，收集完为止。

4. 薄层板准备

载板要求平滑清洁，没有划痕，在使用前可用洗涤液或肥皂水洗涤，再用水冲洗干净。

5. 薄层板的制备及活化

称好的 CMC-Na 加入所需水量的 8/10，加热让其充分溶胀后，煮沸，然后将剩余水（沸水）慢慢加入。这样在煮沸过程中不易形成颗粒，煮沸时间短。溶液的浓度以 0.4%～0.5%比较合适。

向上述溶液中加入适量的（除另有规定外，将 1 份固定相和 3 份水或加有黏合剂的水溶液）硅胶粉末，搅拌均匀（可加入适量的无水乙醇或丙酮起到消泡作用，也可用超声）。

将适量配制好的吸附剂倒到薄层板上，先用小勺将吸附剂刮匀，倾斜薄层板，使吸附剂流至薄层板一侧，待吸附剂蓄积一定量后，再反向倾斜薄层板，使吸附剂回流至另外一个方向，重复操作，后轻颠几下薄层板即可（厚度为 0.2～0.3mm），放平，自然干燥数日。

将干燥好的薄层板放入烘箱，温度调到 105℃，达到最高温度后停留 30min 左右即可。即置于有干燥剂的干燥箱中备用。使用前检查其均匀度，在反射光及透视光下视检，表面应均匀、平整、光滑、无麻点、无气泡、无破损及污染。

6. 点样

点样直径不超过 5mm，点样距离一般为 1～1.5cm 即可。

7. 展开

展开剂的选择：展开剂主要使用低沸点的有机溶剂，用分析纯试剂即可。选择时可参考相关文献和同类物质的分离情况。根据溶剂的极性、样品的性质等进行选择；若单一溶剂的分离效果不佳，可用合适的混合溶剂进行展开；分离酸性或碱性物质时，没有合适的中性展开剂，则可在展开剂中加入碱类（如二乙胺、吡啶）或酸类（如乙酸、甲酸）。

　　展开：根据板的大小选用展开容器，可用长方形展开缸、圆形标本缸或 125mL 的广口瓶等。在广口瓶中加入 3mL 展开剂，点样后让溶剂挥干，将薄层板点有样品的一端浸入展开剂的广口瓶中 0.5cm 处（注意样品不要浸入溶剂中），在密闭容器中展开至合适距离，即可取出，自然干燥或用电吹风吹干。

8. 鉴别

取适宜浓度的对照溶液与样品溶液，在同一薄层板上点样、展开与检视，供试品溶液所显主斑点的颜色（或荧光）和位置应与对照溶液的斑点一致。

9. 溶剂回收得精制产品

将上述经鉴定出纯芦丁的收集液合并，在水浴上蒸馏回收溶剂，将浓缩液冷却析出固体芦丁产品，计算产率。

【注意事项】

① 整个脱洗过程，吸附剂顶部必须保持一定液面，防止流干。

② 开始收集时必须扣除保留体积部分再收集。

③ 装柱时敲击不宜时间太长、太激烈，防止柱内充实太紧而影响流速。

④ 按要求控制流速，否则分离效果不好。

【思考题】

① 为什么可用碱法从槐花米中提取芦丁？

② 怎样鉴别芦丁？

③ 芦丁与槲皮素在聚酰胺柱色谱上用 70% 乙醇洗脱时，哪个先被洗脱下来？

7-6　从果皮中提取果胶

【实验目的】

① 掌握用酸法从植物中提取果胶的原理和操作方法。

② 掌握果胶的提纯方法及操作步骤。

【实验原理】

果胶广泛用于食品工业，主要作为胶凝剂、增稠剂、乳化剂和稳定剂。近年来国际市场上食用果胶销售量增长很快，20 世纪 90 年代初已达每年 25 万吨。果胶主要以不溶于水的原果胶形式存在于植物中。果胶主要存在于苹果、香蕉、橙、柑橘、柚子等植物的叶、皮、茎和果实中。目前，果胶的提取方法主要有：酸提取乙醇沉淀法和酸提取盐沉淀法两种。传统上的酸提取乙醇沉淀法，消耗的乙醇量非常大，而乙醇回收则能耗大，导致生产成本高。而盐析法避免过多地使用乙醇，使产品的成本降低。文献显示，柚皮果胶的提取采用盐析法比乙醇法收率高。

【实验步骤】

1. 提取（约 65min）

① 取 10g 果皮（柑橘、苹果或梨皮）放入烧杯中，加 60mL 水，再加 1.5～2mL 浓 HCl。

② 加热至沸，在搅拌下维持沸腾 30min，用纱布过滤除去残渣。

③ 滤液内加入少量活性炭，再加热 10～20min，用滤纸过滤，得到黄色滤液。

2. 提纯（约 40min）

① 滤液中慢慢加入等体积的质量分数为 95％的乙醇，出现絮状沉淀。

② 过滤并用 5mL 质量分数为 95％的乙醇分 2～3 次洗涤沉淀。

③ 烘干沉淀，即得果胶固体。

【思考题】

脱色方法中除了活性炭以外，还有哪些脱色方法？

7-7 姜油的提取

【实验目的】

① 了解香料的基本知识。

② 掌握蒸馏法提取天然香料的操作方法。

【实验原理】

天然香料大多数从植物中提取得到。提取方法有四种，即水蒸气蒸馏、压榨、浸取和吸收。其中吸收法不常用。

水蒸气蒸馏：芳香成分多数具有挥发性，可以随水蒸气逸出，冷凝后因其水溶性很低，故易与水分离。水蒸气蒸馏是提取植物天然香料最常用的方法。但是因为提取温度较高，某些芳香成分可能被破坏，香气或多或少受到影响，所以水蒸气蒸馏所得到的香料，其留香性和抗氧化性一般较差。

【实验用品】

恒压滴液漏斗、圆底烧瓶、回流冷凝管、电加热套及电动搅拌器等、干生姜。

【实验步骤】

称取生姜 100g，洗净后先切成薄片，再切成小颗粒，放入 250mL 圆底烧瓶中，加水 100mL 和沸石 2～3 粒。使烧瓶上装有恒压滴液漏斗，漏斗上装上回流冷凝管。把漏斗下端的旋塞关闭，加热圆底烧瓶，使烧瓶内的水保持较猛烈的沸腾状态。于是水蒸气夹带着姜油蒸气沿着恒压滴液漏斗的支管上升进入冷凝管。从冷凝管回收的冷凝水和姜油落下，被收集在恒压滴液漏斗中。冷凝液很快在漏斗中分离成油、水两相。每隔一段时间把漏斗的旋塞拧开，把下层的水尽量分离出来，余下的姜油则作为产物移入回收瓶中保存。

【实验记录与数据处理】

实验记录：可参照下表的格式记录实验数据。

姜油的制备实验记录

产品名称	水蒸气蒸馏时间/h	外观	相对密度	折射率	旋光率/(°)	产量/g
姜油						

数据记录：把姜油的出油率计算后，将数据记录在下表：

姜油的制备数据记录

产品名称	出油率/%
姜油	

【思考题】

实验所得的姜油其实是粗品，可以采用什么方法精制？

第八部分　废旧物品的回收利用

8-1　废旧干电池的回收和加工

【实验目的】

掌握废旧干电池中各种原材料的回收和加工方法，通过该实验使学生充分认识到"废品不废，废可变宝"的重要意义。

【实验原理】

废干电池中的铜帽、石墨棒、二氧化锰可洗净后用作化工和电学材料；氯化铵可通过溶液结晶而被分离出来，用作化学试剂；锌皮可经过洗净、熔融烧铸而得到纯净的锌粒。

【实验用品】

硫酸、去污粉、铁锤、钳子、小刀、电炉、烧杯、漏斗、蒸发皿、瓷坩埚、废旧干电池。

【实验步骤】

取一支废旧干电池，用铁锤等工具砸开，将铜帽、石墨棒、黑色填充物、锌皮等一一分开备用。

1. 铜帽的回收

将铜帽用水洗净后放入 1:1 的 H_2SO_4 溶液中煮沸，待铜帽表面光亮后捞出，用水冲洗干净，得到纯净的黄铜片。

2. 石墨棒的回收

将石墨棒用水冲洗干净，可作为电极使用。

3. 氯化铵的回收

将废旧干电池中的墨色填充物放入烧杯中，加入约 100mL 60～70℃ 的热水充分搅拌浸取 10min，待静置沉降后倾倒出上层溶液，用滤纸过滤。然后将滤液倒入蒸发皿中，加热蒸发到蒸发皿中出现晶体，只剩下少量液体时，停止加热，冷却后即可得到氯化铵晶体，滤出后用微火烘干。

4. 二氧化锰的回收

将上一步过滤出的黑色固体物用 200mL 水搅拌浸洗，过滤，再用水冲洗 5～6 次后滤干，放入蒸发皿中，先用小火烘干，再用强火翻炒，至固体不冒火星时，再灼烧 5～10min，冷却后再用清水洗涤两次，滤干后在电炉上进行干燥，即可得到二氧化锰固体。

5. 锌壳的回收

先将剥下的锌壳用去污粉和水刷洗干净，然后撕碎放入瓷坩埚中，加热至 500℃ 左右（锌的熔点为 119.4℃）使之熔化，将浮于液体表面的氧化物等杂质刮去，然后将熔融态锌逐滴滴入盛有大量水的烧杯中，冷却后即成纯净的锌粒。

【思考题】

① 本实验中制得的氯化铵中还含有少量的氯化锌,可采用什么方法将氯化铵进一步提纯?

② 在回收二氧化锰时,用强火进行灼烧的作用是什么?

③ 对氯化铵进行干燥时应注意些什么?

8-2　自制指示剂

【实验目的】

了解用化学方法,用一些植物色素作酸碱指示剂的原理。通过该实验使学生在设备条件差的情况下因陋就简,节约经费。

【实验用品】

烧杯、研钵、铁架台、铁圈、石棉网、酒精灯、量筒、玻璃棒、试管、漏斗、蒸发皿、玻璃绒或纱布。

【实验原理】

自然界中许多植物的根、茎、叶、花、果等,都含有多种色素,在酸或碱的溶液里能显示出不同的颜色,可以作为酸碱指示剂用。表8-1中是一些植物色素酸碱指示剂。

表 8-1　植物色素酸碱指示剂

植物名称	试剂颜色	对酸显色	对碱显色	植物名称	试剂颜色	对酸显色	对碱显色
月季花	土红	桃红	深黄	鱼腥草	土色	无色	浅绿
夹竹桃花	土红	桃红	黄绿	红萝卜皮	紫红	橘红	黄绿
刺梅花	无色	红色	青蓝	紫草	紫色	紫红	蓝色
烟草花	红黄	褪色	黄绿	北瓜花	深黄	褪色	草绿
梨树叶	土色	暗红	黄绿	牵牛花	紫色	红色	蓝色

【实验步骤】

① 制取时,用花的取花瓣,用草的取叶,红萝卜取皮,用量一般是20～30g。先放在研钵里捣烂,研细。加入少量酒精或水,搅拌,待3～4min浸出色素后,将汁滤出就可以用了。

② 在试管里放少量稀酸或稀碱溶液,用滴管滴加一些上述制得的植物色素指示剂,观察颜色的变化。

③ 也可以做成试纸。如取紫草(中草药)1g用酒精(水与酒精比例为1∶1)15mL浸24h。沥出紫红色的酒精溶液,蒸发到原体积的1/3。用滤纸条吸取此溶液,晾干后制成试纸。

【附注】

① 过滤植物色素浸出液要用玻璃绒或3～4层的纱布,勿用滤纸,以免浸出液被滤纸吸去。

② 植物色素指示剂久置容易变质,除制成试纸使用外,最好随制随使。

③ 制取指示剂试纸时,应放在通风处晾干,不要放在太阳下晒,以防褪色。

附录 A 常用仪器与设备

一、旋转式黏度计

1. NDJ-79 型旋转式黏度计简图

旋转式黏度计简图如附图 1 所示。

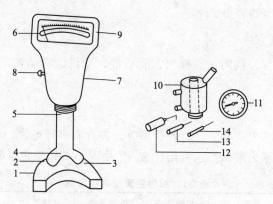

附图 1 旋转式黏度计简图

1—柱座；2—电源插座；3—电源开关；4—安放测定器的托架；5—悬吊转筒的挂钩；

6—读数指针；7—同步电动机；8—指针调零螺丝；9—具有反射镜的刻度盘；

10—测定器；11—温度计；12,13,14—因子分别为 1、10、100 的转筒

2. 原理

仪器的驱动是靠一个微型的同步电动机，它以 750r/min 的恒速旋转，几乎不受荷载和电源电压变化的影响。电动机的壳体采用悬挂式来安装，它通过转轴和挂钩带动转筒旋转。当转筒在被测液体中旋转受到黏滞阻力作用时，产生反作用而使电动机壳体偏转，电动机壳体与两根具有正反力矩的金属游丝相连，壳体的转动使游丝产生扭矩，当游丝的力矩与黏滞阻力力矩达到平衡时，与电动机壳体相连接的指针便在刻度盘上指示出某一数值，此数值与转筒所受黏滞阻力成正比，于是刻度读数乘以转筒因子就表示动力黏度的量值。

3. 操作步骤

① 通过黏度计的电源插座连接 220V、50Hz 的交流电源。

② 调整零点。开启电源开关，使电动机在空载时旋转，待稳定后用调零螺丝将指针调到刻度的零点，关闭开关。

③ 将被测液体小心地注入测定器，直至液面达到锥形面下部边缘，约需液 15mL，将转筒浸入液体直到完全浸没为止，连上专用温度计，接通恒温水源，将测定器放在黏度计托架上，并将转筒悬挂于挂钩上。

④ 开启电源开关，启动电动机，转筒从开始晃动到对准中心。为加速对准中心，可将测定器在托架上向前后左右微量移动。

⑤ 当指针稳定后即可读数，将所用转筒的因子乘以刻度读数即得以厘泊（cP）表示的

黏度，如果读数小于 10 格，应当调换直径大一号的转筒。记下读数后，关闭电源开关。将测定器内孔和转筒洗净擦干。

4. 注意事项

① 本黏度计为精密测量仪器，必须严格按照规定的步骤操作。

② 开启电源开关后，电动机就应启动旋转，如负荷过大或其他原因迟迟不能启动，就应关闭电源开关，查找原因后再开，以免烧毁电动机和变压器。

③ 电动机不得长时间连续运转，以免损坏。

④ 使用前和使用后都应该将转筒及测定器内孔洗净擦干，以保证测量精度。

⑤ 以上所述黏度的测量范围为 $10 \sim 10^4 \, cP$。对于更小或更高黏度的测量，请详见仪器说明书。

二、酸度计

酸度计（也称 pH 计）是用来测定溶液 pH 值的仪器。实验室常用的酸度计有雷磁 25 型、PHS-2 型和 PHS-3 型等。它们的原理相同，结构略有差别。

（一）基本原理

酸度计是一种通过测定电池电势差（电动势）的方法测量溶液 pH 值的仪器。它的主要组成部分是指示电极（玻璃电极）和参比电极（饱和甘汞电极）及与它们相连接的电表等电路系统。既可以用来测溶液的 pH 值，又可用于测电池电动势（或电极电势），还可以配合搅拌器作电位滴定及其氧化还原电对的电极电势测量。测酸度时用 pH 挡，测电动势时用毫伏（mV 或 −mV）挡。

当与仪器连接好的测量电极（玻璃电极）和参比电极（饱和甘汞电极）一起浸入被测溶液中时，两电极间产生的电势差（电动势）与溶液的 pH 值有关，因为测量电极（玻璃电极）的电势随着溶液（H^+）的变化而变化。

$$E_{玻} = E_{玻}^{\ominus} - 2.303 RT \frac{pH}{F}$$

式中 R——摩尔气体常数，$R = 8.314 \, J/mol \cdot K$；

T——热力学温度，K；

F——法拉第常数，$F = 96485 \, C/mol$；

$E_{玻}^{\ominus}$——玻璃电极的标准电动势。298.15K（25℃）时，$E_{玻} = E_{玻}^{\ominus} - 0.0592pH$。

由于饱和甘汞电极的电势恒定（$E_{甘} = 0.2415V$），所以由玻璃电极和饱和甘汞电极组成的电池的电动势（ε）只随溶液 pH 值的改变而改变。298.15K（25℃）时，该电池的电动势（ε）为

$$\varepsilon = E_{正} - E_{负} = E_{甘} - E_{玻} = 0.2415 - (E_{玻}^{\ominus} - 0.0592pH) = 0.2415 - E_{玻}^{\ominus} + 0.0592pH$$

整理上式得

$$pH = \frac{\varepsilon + E_{玻}^{\ominus} - 0.2415}{0.0592}$$

如果 $E_{玻}^{\ominus}$ 已知，只要测其电动势 ε，就可求出未知溶液的 pH 值。$E_{玻}^{\ominus}$ 可利用一个已知 pH 值的标准缓冲溶液（如邻苯二甲酸氢钾溶液）代替待测溶液而确定。酸度计一般把测得的电动势直接用 pH 值表示出来，为了方便起见，仪器上有定位调节器，测量标准缓冲溶液时，可利用定位调节器，把读数直接调到标准缓冲溶液的 pH 值，以后测量未知溶液时，就可直接指示出未知溶液的 pH 值。

（1）玻璃电极

玻璃电极的主要部分是头部的球泡，它是由特殊的敏感玻璃膜（薄膜厚度约为 0.2mm）构成的。球内装有 0.1mol/L HCl 溶液和 Ag-AgCl 电极，如附图 2 所示。

把它插入待测溶液便组成一个电极，可表示为

$$Ag, AgCl(s) | HCl(0.1mol/L) | 玻璃 | 待测溶液$$

电极反应为：$AgCl(s) + e^- \longrightarrow Ag(s) + Cl^-(aq)$

玻璃膜把两个不同 H^+ 浓度的溶液隔开，在玻璃-溶液接触界面之间产生一定的电动势。由于玻璃电极中 HCl 浓度是固定的，所以，在玻璃-溶液界面之间形成的电势差就只与待测溶液的 pH 值有关。

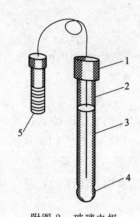

附图 2　玻璃电极

1—胶木帽；2—Ag-AgCl 电极；3—盐酸溶液；
4—玻璃球泡；5—电极插头

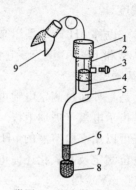

附图 3　饱和甘汞电极

1—胶木帽；2—铂丝；3—小橡皮塞；4—汞、甘汞
内部电极；5—饱和 KCl 溶液；6—KCl 晶体；7—陶
瓷芯；8—橡皮帽；9—电极引线

（2）饱和甘汞电极

饱和甘汞电极是由汞、氯化亚汞（Hg_2Cl_2，即甘汞）和饱和氯化钾溶液组成的电极，内玻璃管封接一根铂丝，铂丝插入纯汞中，纯汞下面有一层甘汞和汞的糊状物。外玻璃管中装入饱和 KCl 溶液，下端用素烧陶瓷塞塞住，通过素瓷塞的毛细孔，可使内外溶液相通，如附图 3 所示。饱和甘汞电极可表示为

$$Pt | Hg(l) | Hg_2Cl_2(s) | KCl(饱和)$$

电极反应为

$$Hg_2Cl_2(s) + 2e^- \Longrightarrow 2Hg + 2Cl^-$$

$$E_{甘} = E_{甘}^0 + \frac{0.0592}{2} lg \frac{1}{c^2(Cl^-)}$$

温度一定，甘汞电极电势只与 $c(Cl^-)$ 有关，当管内盛饱和 KCl 溶液时，$c(Cl^-)$ 一定，298.15K（25℃）时，$E_{甘} = 0.2415V$。

（二）酸度计的使用方法

1. PHS-2 型酸度计

（1）仪器的安装

见附图 4，装好电极杆 13，接通电源。电源为交流电，电压必须符合标牌上所指明的数值，电压太低或电压不稳会影响使用。电源插头中的黑线表示接地线，不能与其他两根线

搞错。

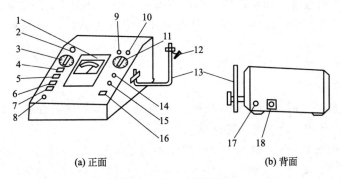

(a) 正面　　　　　　　　　　　　　　(b) 背面

附图 4　PHS-2 型酸度计

1—指示电表；2—指示灯；3—温度补偿旋钮；4—电源开关；5—pH 按键；6—＋mV 按键；7——mV 按键；
8—零点调节旋钮；9—甘汞电极接线柱；10—玻璃电极插口；11—mV-pH 量程分挡开关；12—电极夹；
13—电极杆；14—校正调节旋钮；15—定位调节旋钮；16—读数开关；17—保险丝；18—电源插座

（2）电极的安装

先把电极夹 12 夹在电极杆 13 上，然后将玻璃电极夹在夹子上，玻璃电极的插头插在电极插口 10 内，并将小螺丝旋紧。甘汞电极夹在另一夹子上。甘汞电极引线连接在接线柱 9 上。使用时应把上面的小橡皮塞和下端橡皮塞拔去，以保持液位压差，不用时要把它们套上。

（3）校正

如果测量 pH 值，先按下键 5，但读数开关 16 保持不按下状态。左上角指示灯 2 应亮，为保持仪表稳定，测量前要预热 30min 以上。

① 用温度计测量被测溶液温度。

② 调节温度补偿器到被测溶液的温度值。

③ 将分挡开关 11 放在"6"，调节零点调节旋钮 8，使指针指在 pH "1.00"上。

④ 将分挡开关 11 放在"校正"位置，调节校正调节器 14 使指针在满刻度。

⑤ 将分挡开关 11 放在"6"，重复检查 pH "1.00"位置。

⑥ 重复③和④两个步骤。

（4）定位

仪器附有三种标准缓冲液（pH 值为 4.01、6.86、9.18），可选用一种与被测溶液的 pH 值接近的缓冲溶液对仪器进行定位。仪器定位操作步骤如下。

① 向烧杯内倒入标准缓冲溶液，按溶液温度查出该温度时溶液的 pH 值。根据这个数值，将分挡开关 11 放在合适的位置上。

② 将电极插入缓冲溶液，轻轻摇动，按下读数开关 16。

③ 调节定位调节旋钮 15 使指针指在缓冲溶液的 pH 值（即分挡开关上的指示数加表盘上的指示数），直至指针稳定。重复调节定位调节器。

④ 开启读数开关，将电极上移，移去标准缓冲溶液，用蒸馏水清洗电极头部并用滤纸将水吸干。这时，仪器已定好位，后面测量时，不得再动定位调节器。

（5）测量

① 放上盛有待测溶液的烧杯，移下电极，将烧杯轻轻摇动。

② 按下读数开关 16，调节分挡开关 11，读出溶液的 pH 值。如果指针打出左面刻度，则应减小分挡开关的数值。如指针打出右面刻度，应增大分挡开关的数值。

③ 重复读数，待读数稳定后，放开读数开关，移走溶液，用蒸馏水冲洗电极，将电极保存好。

关上电源开关，套上仪器罩。

（6）使用注意事项

① 在按下读数开关时，如果发现指针严重甩动，应放开读数开关，检查分挡开关位置及其他调节器是否适当，电极是否浸入溶液。

② 转动温度调节旋钮时，不要用力太大，防止移动紧固螺丝位置，造成误差。

③ 当被测信号较大时，若发生指针严重甩动，应转动分挡开关使指针在刻度以内，并需等待 1min 左右，至指针稳定为止。

④ 测量完毕后，必须先放开读数开关，再移去溶液，如果不放开读数开关就移去溶液，则指针甩动剧烈，影响后面测定的准确性。

2. DEL TA320 型数显酸度计

DEL TA320 型数显酸度计采用了数字显示，读数方便准确。测量溶液 pH 值时，pH 复合电极配套使用。pH 复合电极是将玻璃电极和甘汞电极制作在一起，使用方便。

（1）pH 值测量步骤

① 将电源适配器连接到 DC 插孔上，接通电源，开机。

② 如果显示屏上显示 mV，按"模式"键切换到 pH 测量状态。

③ 将电极放入待测溶液中，并按"读数"开始测量，测量时小数点在闪烁。在显示器上会动态地显示测量的结果。

④ 如果使用了温度探头，显示器上会显示 ATC 的图标及当前的温度。如果没有使用温度探头，显示器上会显示 MTC 和以前设定的温度，检查显示器上的温度是否和样品的温度相一致，如果不是，需要重新输入当前的温度。

⑤ 如果使用自动终点判断方式（Autoend），显示器上出现"A"图标。如果使用手动终点判断方式，则不显示"A"图标。

当仪表判断测量结果达到终点后，会有"√"显示于显示屏。

⑥ 当采用自动终点方式时，仪表将自动判别测量是否达到终点，测量自动终止。当采用手动终点方式时，需按"读数"来终止测量。测量结束，小数点停止闪烁。

⑦ 测量结束后，再按"读数"重新开始一次新的测量过程。

终点方式的选择：

① 自动终点方式（Auto Ending），这种测量方式下，显示器上会有"A"显示；

② 手动终点方式（Manual Ending），这种测量方式下，显示器上没有"A"显示。

在自动终点方式下，仪表自动判别测量结果是否达到终点，有较好的准确性和重复性。长按"读数"，在自动终点和手动终点方式之间切换。

（2）设定校正溶液组

为获得更准确的结果，应该经常地对电极进行校正。320pH 计允许操作者选择一组标准缓冲溶液。校正时可以进行一点（一种标准缓冲液）、两点（两种标准缓冲液）或三点（三种标准缓冲液）校正。

有四组标准缓冲溶液可供选择：

标准缓冲液组 1（$b=1$）：pH＝4.00、7.00、10.01。

标准缓冲液组 2（$b=2$）：pH＝4.01、7.00、9.21。

标准缓冲液组 3（$b=3$）：pH＝4.01、6.86、9.18。

标准缓冲液组 4（$b=4$）：pH＝1.68、4.00、6.86、9.18、12.46。

按下列步骤选择缓冲溶液组。

① 在测量状态（测量过程中或者测量结束后）下，长按"模式"，进入 Prog 状态。

② 按"模式"进入 $b=2$（或者 $b=1$，3，4……）。

③ 按"∧"、"∨"键改为 $b=1$（或者 $b=2$，3，4……），LCD 会逐一显示该缓冲液组内的缓冲液 pH 值。

④ 按"读数"确认并退回到正常测量状态。

（3）注意

① 所选择组别必须与所使用的缓冲液一致。

② 电极校正数据只有完成了一次成功校正后才能被改写。

③ 即使遇上断电，320pH 计也仍保留此设置。

（三）仪器的维护技术

仪器性能的好坏与合理的维护保养密不可分，因此必须注意维护与保养。

① 仪器可长时间连续使用，当仪器不用时，关掉电源开关。

② 玻璃电极的主要部分为下端的玻璃球泡，此球泡极薄，切忌与硬物接触，一旦发生破裂，则完全失效，取用和收藏时应特别小心。安装时，玻璃电极球泡下端应略高于甘汞电极的下端，以免碰到烧杯底部。

③ 新的玻璃电极在使用前应在去离子水中浸泡 48h 以上，不用时最好浸泡在去离子水中。

④ 在强碱溶液中应尽量避免使用玻璃电极。如果使用应操作迅速，测完后立即用水清洗，并用去离子水浸泡。

⑤ 玻璃电极球泡切勿接触污物，如有污物可用医用棉球轻擦球泡部分或用 0.1mol/L HCl 溶液清洗。

⑥ 电极球泡有裂纹或老化，应更换电极，否则反应缓慢，甚至造成较大的测量误差。

⑦ 甘汞电极不用时，要用橡皮套将下端套住，用橡皮塞将上端小孔塞住，以防饱和 KCl 溶液流失。当 KCl 溶液流失较多时，则通过电极上端小孔进行补加。

⑧ 电极插口必须保持清洁干燥。在环境湿度较大时，应用干净的布擦干。

三、电导率仪

电导率仪即为测定液体总电导率的仪器，它可用于生产过程中的动态跟踪，如去离子水制备过程中电导率的连续监测，也可用于电导滴定等。下面主要介绍 DDS-11A 型电导率仪。

1. 基本原理

溶液的电导 G 取决于溶液中所有共存离子的导电性质的总和。对于单组分系统，溶液电导与浓度 c 之间的关系为

$$G=\frac{1}{1000}\times\frac{A}{d}zkc$$

式中 G——电导，S，mS 或 μS；

A——电极面积，cm^2；

d——电极间距离，cm；

z——每个离子带的电荷数；

k——常数。

　　电导率仪所用的电极称为电导电极（铂黑电极或铂光亮电极），是将两块铂片相对平行固定在玻璃电极杆上构成的，具有确定的电导池常数，使用时插入溶液中即可。

　　电导率仪的工作原理是，当振荡器发生的音频交流电压加到电导池电阻与量程电阻所组成的串联回路中时，溶液的电导越大，则电导池的电阻越小，量程电阻两端的电压就越大。电压经交流放大器放大，再经整流后推动直流电表，由电表即可直接读出电导率值。

　　DDS-11A 型电导率仪除了直接从表上读取数据外，并有 $0 \sim 10\mathrm{mV}$ 信号输出，可接自动平衡记录仪进行记录，用于连续监测。仪器外形如附图 5 所示。

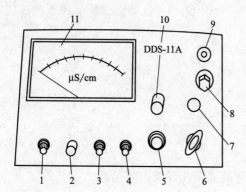

附图 5　DDS-11A 型电导率仪外形图

1—电源开关；2—电源指示灯；3—高、低周开关；4—校正、测量开关；5—校正调节旋钮；6—量程选择开关；7—电容补偿；8—电极插口；9—mV 输出；10—电极常数补偿；11—读数表头

2. 仪器使用方法

　　① 打开电源开关之前，观察指针是否指零，可调整表头的螺丝，使指针指零。

　　② 将校正、测量开关 4 拨向"校正"位置。

　　③ 插接电源线，打开电源开关 1，并预热数分钟（待指针完全稳定下来为止）。调节校正调节旋钮 5 使电表满刻度指示。

　　④ 当测量电导率低于 $300\mu\mathrm{S/cm}$ 的溶液时选用"低周"，这时将 3 拨向"低周"即可。当测量电导率在 $300 \sim 10^4\mu\mathrm{S/cm}$ 范围内的溶液时，则将 3 拨向"高周"。

　　⑤ 将量程选择开关 6 拨到所需要的测量范围。如预先不知被测溶液的电导率大小，应先将其拨到最大电导率测量挡，然后逐挡下调，以防指针被打弯。

　　⑥ 电极的选择。

　　a. 当被测量的电导率低于 $10\mu\mathrm{S/cm}$ 时，使用 DJS-1 型光亮电极。这时应把 10 调节到与所配套的电极常数相对应的位置上。

　　b. 当被测液的电导率为 $10 \sim 10^4\mu\mathrm{S/cm}$ 时，则使用 DJS-1 型铂黑电极。同时，应把 10 调节到与所配套的电极常数相对应的位置上。

　　c. 当被测的电导率大于 $10^4\mu\mathrm{S/cm}$ 以致用 DJS-1 型电极测不出时，则选用 DJS-10 型铂黑电极。此时应把 10 调节到该电极常数的 1/10 位置上，再将测得的读数乘以 10 即为被测液的电导率。

　　⑦ 将电极插头插入电极插孔内，旋紧插孔上的紧固螺丝，再将电极浸入待测液中。

　　⑧ 将 4 拨到"校正"，调节 5 使指示为满度。为了提高测量精度，当使用"×10^3"、"×10^4"挡时，必须在电极插头插入插孔、电极浸入待测液时，进行校正。

　　⑨ 将 4 拨向"测量"，表盘指针所指示数乘以量程开关 6 所指的倍率即为被测溶液的实际电导率。

3. 数显 DDS-11A 型电导率仪的使用

　　① 接通仪器电源，让仪器预热约 10min。

② 用温度计测量出被测液的温度后，将"温度"旋钮置于与被测液的实际温度相应的位置上。当"温度"旋钮置于 25℃ 位置时，则无补偿作用。

③ 将电极浸入被测液体，电极插头插入电极插座（插头、插座上的定位销对准后，按下插头顶部即可使插头插入插座。如欲拔出插头，则捏其外套往上拨即可）。

④ 按下"校准/测量"开关，使其置于"校准"状态，调节"常数"旋钮，使仪器显示所用电极的常数标准值。

⑤ 按下"校准/测量"开关，使其处于"测量"状态（这时开关向上弹起）。将"量程"开关置于合适的量程挡，待仪器值稳定后，该显示数值即为被测液体在 25℃ 时的电导率值。

⑥ 测量高电导的溶液，若被测溶液的电导率高于 20mS/cm，应选用 DJS-10 电极，此时量程范围可扩大到 200mS/cm（20mS/cm 挡可测至 200mS，2mS/cm 挡可测至 20mS/cm，但显示数必须乘以 10）。

测量纯水或高纯水的电导率，宜选 0.01 常数的电极，被测值为显示数×0.01。也可用 DJS-0.1 电极，被测数值为显示数×0.1。

被测液的电导率低于 30μS/cm 时，宜选用 DJS-1 光亮电极。电导率高于 30μS/cm 时，应选用 DJS-1 铂黑电极。

⑦ 仪器可长时间连续使用，可用输出信号（0～10mV）外接记录仪进行连续监测。

注意事项：仪器设置的溶液温度系数为 2%，与此系数不符合的溶液使用温度补偿器将会产生一定的误差，为此可把"温度"旋钮置于 25℃，所得读数为被测溶液在测量温度下的电导率。

4. 测量纯水或高纯水要点

① 应在流动状态下测量，确保密封状态，为此，用管道将电导池直接与纯水设备连接，防止空气中的 CO_2 等气体溶入水中，使电导率迅速增大。

② 流速不宜太高，以防止产生湍流，测量中逐增流速至使指示值不随流速的增加而增大。

③ 避免将电导池装在循环不良的死角。

四、界面张力仪

1. 原理

JZHY-180 型界面张力仪主要由扭力丝、铂环、支架、拉杆架、蜗轮副等组成。如附图 6 所示。使用时通过蜗轮副的旋转对钢丝施加扭力，并使该扭力与液体表面接触的铂环对液体的表面张力相平衡。当扭力继续增加，液面被拉破时，钢丝扭转的角度，用刻度盘上的游标指示出来，此值就是界面张力（P）值，单位是 mN/m。

2. 准备工作

① 将仪器放在平稳的地方，通过调节螺母 E 将仪器调到水平状态，使横梁上的水准泡位于中央位置。

② 将铂环放在吊杆端的下末端，小纸片放在铂环的圆环上，打开臂的制止器 J，调好放大镜，使臂上的指针 L 与反射镜上的红线重合，如果刻度盘上游标正好指示为零，则可进行下一步。如果不指零，可以旋转微调蜗轮把手 P 进行调整。

③ 用质量法校正。在铂环的小纸片上放一定质量的砝码，当指针与红线重合时，游标指示正好与计算值一致。若不一致可调整臂 F 和 G 的长度，臂的长度可以用两臂上的两个手母来调整。调整时这两个手母必须是等值旋转，以便使臂保持相同的比例，保证铂环在试

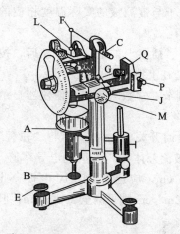

附图6　JZHY-180 型界面张力仪
A—样品座；B—样品座螺母；C—游
码；E—水平螺旋；F,G—杠杆臂；
J—臂的制止器；L—指针；M—蜗轮
把手；P—微调蜗轮把手；Q—固定
钢丝的手母

验中垂直地上下移动，再通过游码 C 的前后移动达到调整
结果。具体方法是将 $500\sim800$ mg 的砝码放在铂环的小纸
片上，旋转蜗轮把手，直到指针 L 与反射镜上红线精确重
合。记下刻度盘上的读数（精确到 0.1 分度）。如果用 0.8g
的砝码，刻度盘上的读数为：

$$P=\frac{mg}{2L}=\frac{0.8\times980.17}{2\times6}=0.6530\text{N/m}$$

如记录的读数比计算值大，应调节杠杆臂的两个手母，
使两臂的长度等值缩短；如过小，则应使臂的长度伸长。
如此重复几次，直到刻度盘上的读数与计算值一致为止。

④ 在测量以前，应把铂环和玻杯用洗涤剂清洗。

3. 表面张力的测量

① 将铂环插在吊杆臂上，将被测溶液倒在玻杯中，高
$20\sim25$ mL，将玻杯放在样品座的中间位置上，旋转螺母
B，铂环上升到溶液表面，且使臂上的指针与反射镜的红线
重合。

② 旋转螺母 B 和蜗轮把手 M 来增加钢丝的扭力。保
持指针 L 始终与红线相重合，直至薄膜破裂时，刻度盘上的读数指出了溶液的表面张力值。
测定三次，取其平均值。

仪器使用完毕，取下铂环清洗后放好，扭力丝应处于不受力的状态。杠杆臂应用偏心轴
和夹板固定好。

五、分光光度计

吸光光度法是根据物质对光的选择性吸收而进行分析的方法，而分光光度计就是用于测
量待测物质对光的吸收程度，并进行定性、定量分析的仪器。可见分光光度计是实验室常用
的仪器，按功能可分为自动扫描型和非自动扫描型。前者配置计算机可自动测量绘制待测物
质的吸收曲线，后者需手动选择测量波长，绘制待测物质的吸收曲线。

（一）基本原理

物质对光具有选择性吸收，当照射光的能量与分子中的价电子跃迁能级差 ΔE 相等时，
该波长的光被吸收。吸光光度法的理论基础是光的吸收定律——朗伯-比尔（Lambert-Beer）
定律，其数学表达式为：

$$A=\varepsilon bc$$

即，在一定波长下，溶液的吸光度 A 与溶液中样品的浓度 c 及液层的厚度 b 成正比。式中 ε 为
摩尔吸收系数。根据 1950 年 Braude 提出的 ε 与吸光分子截面积 a 的关系：$\varepsilon=\frac{1}{3}\times2.62\times10^{20}a$，
由于冠醚、卟啉、碱性染料——$SnCl_2$ 等大分子截面积显色体系的出现，ε 值已达 $10^6\sim$
10^7 L/(cm·mol)。

吸收光度法对显色反应有一定的要求。影响显色反应的主要因素有显色剂的用量、溶液
的酸度、显色时的温度、显色时间的长短、共存离子的干扰等。

吸光光度法使用的仪器主要由五个部分组成，如附图 7 所示。

光源所发出的光经色散装置分成单色光后通过样品池，利用监测装置来测量并显示光的

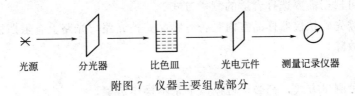

附图 7　仪器主要组成部分

被吸收程度。通常以钨灯作为可见光光源，波长范围 360～800nm，光以氘灯作为紫外光源。如附图 8 所示。

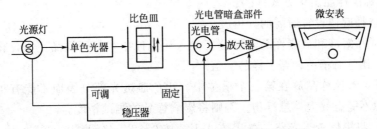

附图 8　721 型分光光度计的光学系统示意图

（二）721 型分光光度计

721 型分光光度计的外形如附图 9 所示，使用操作步骤如下。

① 打开仪器电源开关，开启比色皿暗盒盖，预热 20min。

② 将盛有溶液的比色皿放在比色室中的比色架子上。

③ 调节波长旋钮，选择合适的波长。

④ 选择合适的灵敏度挡。

⑤ 在比色皿暗盒盖开启时，用"0"旋钮调节透光率为 0。

⑥ 在比色皿暗盒盖关闭时，用"100％"旋钮调节透光率为 100％。

⑦ 重复调节透光率"0"和"100％"，稳定后，测定溶液的吸光度。

⑧ 将盛有溶液的比色皿推入光路，读出吸光度，读数后将比色皿暗盒盖打开。

⑨ 当改变波长测量时，必须重新调节透光率"0"和"100％"。

⑩ 测定完毕后，取出比色皿，洗净，晾干，关闭仪器电源开关。

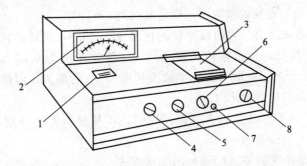

附图 9　721 型分光光度计外形结构

1—波长读数盘；2—电表；3—比色皿暗盒盖；4—波长调节器；5—"0"透光率调节旋钮；
6—"100％"透光率调节旋钮；7—比色皿架拉杆；8—灵敏度选择旋钮

（三）WFJ2000 型分光光度计

WFJ2000 型分光光度计有透射比、吸光度、已知标准样品的浓度值和斜率测量样品浓度等测量方式，可根据需要选择合适的测量方式。

在开机前，需先确认仪器样品室内是否有物品遮挡光路，光路上有阻挡物将影响仪器自检甚至造成仪器故障。

1. 基本操作

无论选用何种测量方式，都必须遵循以下基本操作步骤。

① 接通电源，使仪器预热 20min。

② 用＜MODE＞键设置测试方式：透射比（T）、吸光度（A）、已知标准样品浓度值方式（C）和已知标准样品斜率方式（F）。

③ 用波长选择旋钮设置所需的分析波长。

④ 将参比样品溶液和被测样品溶液分别倒入比色皿中，打开样品室盖，将盛有溶液的比色皿分别插入比色皿槽中，盖上样品室盖。

一般情况下，参比样品放在第一个槽位中。比色皿透光部分表面不能有指印、溶液痕迹，被测溶液中不能有气泡、悬浮物。否则将影响样品的测试精度。

⑤ 调零点：将黑体置入光路，在 T 方式下，按 0％T，显示"0.000"。

⑥ 调 100％：将装有参比溶液的比色皿置于光路中，盖上样品室盖，在（T）或（A）方式下，按"OA/100％T"键调 OA/100％T，显示器显示"BLA"后出现 0.000 或 100％为止。

⑦ 测量：将装有待测溶液的比色皿置于光路中，盖上样品室盖进行测量，可从显示器上得到被测样品的透射比或吸光度值。

⑧ 改变一次分析波长，必须重新调 0 和 100％。

⑨ 测量结束后，清洗比色皿，用滤纸吸干水分，装入比色皿盒中。

2. 样品浓度的测量方法

（1）已知标准样品浓度值的测量方法

① 用＜MODE＞键将测试方式设置至 A（吸光度）状态。

② 步骤同基本操作中②～⑥。

③ 用＜MODE＞键将测试方式设置至 C 状态。

④ 按"INC"或"DEC"键将标准样品浓度值输入仪器，当显示器显示样品浓度时，按"ENT"键。浓度值只能输入整数值，设定范围为 0～1999。

注意：如标准样品浓度值与它的吸光度的比值大于 1999，将超出仪器测量范围，此时无法得到正确结果。例如，标准溶液浓度为 150，其吸光度为 0.065，二者之比为 150/0.065＝2308，已大于 1999。这时可将标准浓度值除以 10 后输入，即输入 15 后进行测试。只是在下面第五步测得的值需要乘以 10。

⑤ 将被测样品一次推（或拉）入光路，这时，可从显示器上分别得到被测样品的浓度值。

（2）已知被测样品浓度斜率（K 值）的测量方法

① 用＜MODE＞键将测试方式设置至 A（吸光度）状态。

② 步骤同基本操作中②～⑥。

③ 用＜MODE＞键将测试方式设置至 F 状态。

④ 按"INC"或"DEC"键将标准样品斜率值输入仪器，当显示器显示样品斜率时，按"ENT"键。这时，测试方式指示灯自动指向 C，斜率只能输入整数值。

⑤ 将被测样品依次推（或拉）入光路，这时，可从显示器上分别得到被测样品的浓度值。

六、阿贝折射仪

折射率是物质的重要物理常数之一，可借助它了解物质的纯度、浓度及其结构。在实验室中常用阿贝折射仪来测量物质的折射率，它可测量液体物质，试液用量少，操作方便，读数准确。

1. 构造原理

阿贝折射仪的基本结构如附图 10 所示。

仪器的主要部分为两块高折射率的直角棱镜，将两对角线平面叠合。两棱镜间互相紧压留有微小的缝隙，待测液体在其间形成一薄层，其中一个棱镜的一面被由反射镜反射回来的光照亮。

工作原理：当一束光投在性质不同的两种介质的交界面上时发生折射现象，它遵循折射定律，即

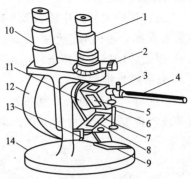

附图 10　阿贝折射仪的基本结构
1—测量望远镜；2—色散手柄；3—恒温水入口；4—温度计；5—测量棱镜；6—铰链；7—辅助棱镜；8—加液槽；9—反射镜；10—读数望远镜；11—转轴；12—刻度盘罩；13—闭合旋钮；14—底座

$$\frac{\sin\alpha}{\sin\beta}=\frac{n_\beta}{n_\alpha}$$

式中　α——入射角；

β——折射角；

n_α，n_β——交界面两侧两种介质的折射率。

在一定温度下，对于固定的两种介质，此比值是一定的。光束从光密介质（如玻璃）进入光疏介质（如空气）时，入射角小于折射角，入射角增大时折射角也增大，但折射角不能无限增大，只能增加到 $\beta=90°$，这时入射角为临界角。因此，只有入射角小于临界角的入射光才能进入光疏介质。反之，若一束光线由光疏介质进入光密介质（附图 11），入射角大于折射角。当入射角 $\alpha=90°$ 时，折射角为 β，故任何方向的入射光可进入光密介质中，其折射角 $\beta\leqslant\beta_0$。折射仪是根据这个临界折射现象设计的。

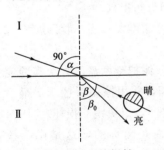

附图 11　光的折射

由于折射率与温度和入射光的波长有关，所以在测量时要在两棱镜的周围夹套内通入恒温水，保持恒温，折射率以符号 n 表示，在其右上角表示温度，其右下角表示测量时所用的单色光的波长，如 n_D^{25} 表示介质在 25℃时对钠黄光的折射率。但阿贝折射仪使用的光源为白光，白光为波长 400～700nm 的各种不同波长的混合光。由于波长不同的光在相同介质的传播速度不同而产生折射现象，因而使目镜的明暗交界线不清。为此，在仪器上装有可调的消色补偿器，通过它可消除色散而得到清楚的明暗分界线。这时所测得的液体折射率，和应用钠光 D 线所得的液体折射率相同。

2. 使用方法

① 将超级恒温槽调到测定所需的温度，并将此恒温水通入阿贝折射仪的两棱镜恒温夹套中，检查棱镜上的温度计的读数。如被测样品混浊或有较浓的颜色，视野较暗，可打开基础棱镜上的圆窗进行测量。

② 将阿贝折射仪置于光亮处，但避免阳光直接照射，调节反射镜，使白光射入棱镜。

③ 打开棱镜，滴一两滴无水乙醇（或乙醚）在镜面上，用擦镜纸轻轻擦干镜面，再将棱镜轻轻合上。

④ 测量时，用滴管取待测试样，由位于两棱镜右上方的加液孔将此被测液体加入两棱镜间的缝隙间，旋紧锁钮，务使被测物体均匀覆盖于两棱镜间的镜面上，不可有气泡存在，否则需重新取样进行操作。

⑤ 旋转棱镜使目镜中能看到半明半暗现象，让明暗界线落在目镜里交叉法线的交点上。如有色散现象，可调节消色补偿器，使色散消失，得到清晰明暗界限。

⑥ 测完后用擦镜纸擦干棱镜面。

3. 数字阿贝折射仪

数字阿贝折射仪的工作原理与上面讲的完全相同，都是基于测定临界角。由角度-数字转换系统将角度量转换成数字量，再输入计算机系统进行数据处理，而后数字显示出被测样品的折射率。下面介绍 WAY-S 型数字阿贝折射仪，其外形结构如附图 12 所示。

该仪器的使用颇为方便，内部具有恒温结构，并装有温度传感器，按下温度显示按钮可显示温度，按下测量显示按钮可显示折射率。

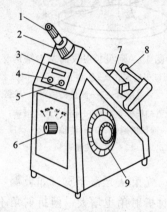

附图 12　WAY-S 型数字阿贝折射仪
1—望远镜系统；2—色散校正系统；
3—数字显示窗；4—测量显示按钮；
5—温度显示按钮；6—方式选择
旋钮；7—折射棱镜系统；8—聚
光照明系统；9—调节手轮

4. 使用注意事项

阿贝折射仪是一种精密的光学仪器，使用时应注意以下几点。

① 使用时要注意保护棱镜，清洗时只能用擦镜纸而不能用滤纸等。加试样时不能将滴管口触及镜面。对于酸碱等腐蚀性液体不得使用阿贝折射仪。

② 每次测定时，试样不可加得太多，一般只需 2～3 滴即可。

③ 要注意保持仪器清洁，保护刻度盘。每次实验完毕后，要在镜面上加几滴丙酮，并用擦镜纸擦干。最后用两层擦镜纸夹在两棱镜面之间，以免镜面损坏。

④ 读数时，有时在目镜中观察不到清晰的明暗分界线，而是畸形的，这是由于棱镜间充满液体；若出现弧形光环，则可能是由于光线未经过棱镜而直接照射到聚光透镜上。

⑤ 若待测试样折射率不在 1.3～1.7 范围内，阿贝折射仪不能测定，也看不到明暗分界线。

5. 仪器的维护和保养

① 仪器应放在干燥、空气流通和温度适宜的地方，以免仪器的光学零件受潮发霉。

② 仪器使用前后及更换试样时，必须清洗擦净折射棱镜的工作表面。

③ 被测液体试样中不可含有固体杂质，测试固体样品时应防止折射镜工作表面拉毛或产生压痕，严禁测试腐蚀性较强的样品。

④ 仪器应避免强烈震动或撞击，防止光学零件震碎、松动而影响精度。

⑤ 仪器不用时应用塑料罩将仪器盖上或放入箱内。

⑥ 使用者不得随意拆装仪器，当发生故障或达不到精度要求时，应及时送修。

七、罗氏泡沫测定仪

1. 原理

泡沫稳定性是泡沫最主要的性能，表面活性剂或其他起泡剂的起泡能力也是泡沫的重要性质，因而一般泡沫性能的测量，主要是对稳定性及起泡性进行研究。

泡沫稳定性的测量方法很多。根据起泡方式不同主要分为两类：气流法和搅动法。在生产时及在实验室中比较方便而又准确地测量泡沫性能的方法是"倾注法"，它也属于搅动法。附图 13 所示为此法所用的仪器。

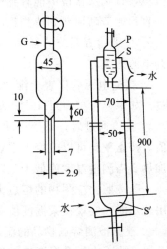

附图 13　倾注法所用仪器
P—泡沫移液管；G—刻度（200mL）；
S—试液（200mL）；S'—试液（500mL）

2. 操作步骤

① 用蒸馏水将柱刷洗两次。

② 控制恒温槽的温度在（50.0±0.1）℃。然后将循环恒温水通过恒温槽注入仪器的外套管中，使其在恒温条件下工作。

③ 将盛有待测溶液的容量瓶放入恒温槽内，以保持一定的温度。

④ 恒温后，沿柱内壁缓慢地加入待测溶液至 50mL 刻度处，并将吸满待测溶液的泡沫移液管垂直夹牢，使其下端与柱上的刻度线相齐。

⑤ 打开泡沫移液管的旋塞使溶液全部流下，待溶液流至 250mL 刻度处，记录一次泡沫高度，5min 后再记录一次泡沫高度。测量三次取其平均值。

八、熔点测定仪（双目显微熔点测定仪）

熔点的测定常常可以用来识别物质和检验物质的纯度。

1. 用途

X-5 数字显示双目显微熔点测定仪可广泛用于医药、化工、纺织、橡胶、制药等方面的生产化验、药品检验和高等院校化学系等部门的单晶或共晶等有机物的分析、晶体的观察和晶体熔点温度的测定，为研究工程材料、固体物理，观察物体在加热状态下的形变、色变及物体三态转化等物理变化的过程，提供了有力的检测手段。

2. 操作步骤

① 将显微熔点测定仪的纤维部分、加热台部分、X-5 型调压测温仪、传感器和电源线等部分安装连接好。

② 对新的仪器，最好先用熔点标准药品进行测量标定（操作参照步骤③～⑫）。求出修正值（修正值=标准药品的熔点标准值-该药品的熔点测量值），作为测量值的修正依据。

③ 对待测物品进行干燥处理。把待测物品研细，放在干燥塔内，用干燥剂干燥，或者用烘箱直接快速烘干（温度应控制在待测物品的熔点以下）。

④ 将熔点热台放置在显微镜底座 $\phi 100$ 孔上，并使放入盖玻片的端口位于右侧，以便于取放盖玻片和药品。

⑤ 取两片盖玻片，用蘸有乙醚（或乙醚与酒精的混合液）的脱脂棉擦拭干净。晒干后，取适量待测物品（不大于 0.1mg）放在一片载玻片上并使药品分布薄而均匀，盖上另一片

载玻片，轻轻压实，然后放置在熔点热台中心。

⑥ 盖上隔热玻璃。

⑦ 扶好主机头，松开显微镜的升降手轮，参考显微镜的工作距离（108mm），上下调整显微镜，直到从目镜中能看到熔点热台中央的待测物品轮廓时锁紧该手轮。然后调节调焦手轮，直到能清晰地看到待测物品的像为止。

⑧ 仔细检查系统的各种连接，确定无误后，将调压测温仪上的调温手钮逆时针调到头，打开电源开关。

⑨ 接通电源后仪表上排"PV"显示 HELD，下排"SV"显示 PASS 字样表示仪表自检通过。如果显示"—HH—"表示未接上或未接传感器、传感器热阻开路、超温度量值。

⑩ 自检通过后，系统自动进入工作状态，此时，"PV"显示测量值，"SV"显示上限温度值，按▲▼键可以改变上限温度值。当测量温度值高于上限设定值时，系统自动断电，停止加热。当测量温度值低于上限设定值时，系统自动通电，继续加热。

一般按照比待测物的熔点大约值略高调整上限设定值，起保护、限定高温作用，也可以利用此功能，实现在某温度值条件下观察物体的各种变化。

⑪ 根据被测熔点物品的温度值，控制调温手钮 1 或 2，以期达到在测物质熔点过程中前段升温迅速、中段升温渐慢、后段升温平稳的目的。

具体方法如下：先将两个调温手钮顺时针调到较大位置，使热台快速升温。当温度接近待测物体熔点温度以下 40℃ 左右时（中段），将调温手钮逆时针调节至适当位置，使升温速度减慢。在被测物熔点值以下 10℃ 左右时（后段），调整调温手钮控制升温速度约每分钟 1℃。

⑫ 观察被测物品的熔化过程，记录初熔和全熔时的温度值，用镊子取下隔热玻璃和盖玻片，即完成一次测试。如需重复测试，只需将散热器放在热台上，逆时针调节手钮 1 和 2 到头，使电压调为零或切断电源，温度降至熔点值以下 40℃ 即可。

⑬ 对已知熔点大约值的物质，可根据所测物质的熔点值以及测温过程（操作参照步骤⑪），适当调节调温旋钮，实现精确测量。对未知熔点物质，可先用中、较高电压快速粗测一次，找到物质的熔点大约值，再根据该值适当调整和精细控制测量过程（操作参照步骤⑪），最后实现精确测量。

⑭ 精密测试时，对实测值进行修正，并多次测试，计算平均值。

物品熔点值的计算：

一次测试时，熔点值为

$$T = X + A$$

式中　T——被测物品熔点值；

　　　X——测量值；

　　　A——修正值。

多次测试时，熔点值为

$$T = \frac{\sum_{i=1}^{n} X_i + A}{n}$$

式中　T——被测物品熔点值；

　　　X_i——第 i 次测量值；

A——修正值；

n——测量次数。

⑮ 测试完毕应及时切断电源，待热台冷却后按规定装好仪器。用过的载玻片可用乙醚擦拭干净，以备下次使用。

3. 双目显微熔点测定仪使用注意事项

① 仪器应放置于阴凉、干燥、无尘的环境中使用与存放。

② 在整个测试过程中，熔点热台属高温部件，操作人员注意身体远离热台，取放样品、盖玻片、隔热玻璃和散热块一定要用专用镊子夹持，严禁用手触摸，以免烫伤。

③ 透镜表面有污垢时，可用脱脂棉蘸少许乙醚和乙醇的混合液轻轻擦拭，遇有灰尘，可用洗耳球吹去。

④ 每测试完一个样品应将散热块放在热台上，待温度降至熔点值以下 40℃ 后才能测下一个样品。

九、超声波清洗机

1. 原理

超声波清洗是利用超声波在液体中的空化作用来完成的。超声波发生器产生的电信号，通过换能器传入清洗液中，会连续不断地迅速形成和迅速闭合无数的微小气泡，这种过程所产生的强大机械力，不断冲击物件表面，在液体中有加速溶解和乳化作用，使物件表面和缝隙中的污垢迅速剥落，从而达到清洗的目的。超声清洗器广泛应用于金属、电镀、塑胶、电子、机械、汽车等各工业部门以及医药行业、大专院校和各类实验室等。

超声空化效应与超声波的声强、声压、频率、清洗液的表面张力、蒸汽压、黏度以及被洗工件的声学特征有关，声强越高，空化越强烈，越有利于清洗。空化阈值和频率有密切关系。目前，超声波清洗器的工作频率根据清洗对象大致分为三个频段：低频超声清洗（20～45kHz）、高频超声清洗（50～200kHz）和兆赫超声清洗（700kHz～1MHz 以上）。

低频超声清洗适用于大部件表面或者污物与清洗件表面结合强度高的场合。频率的低端，空化强度高，易腐蚀清洗件表面，不适宜清洗表面粗糙度低的部件，而且空化噪声大。60kHz 左右的频率，穿透力较强，适宜清洗表面形状复杂或有盲孔的工件，空化噪声较小，但空化强度较低，适合清洗表面污物与被清洗件表面结合力较弱的场合。

高频超声清洗适用于计算机、微电子元件的清洗，如磁盘、驱动器、读写头、液晶玻璃及平面显示器、微组件和抛光金属件等的清洗。这些清洗对象要求在清洗过程中不能受到空化腐蚀，并能洗掉微米级的污物。

兆赫超声清洗适用于集成电路芯片、硅片及薄膜等的清洗，能去除微米、亚微米级的污物而对清洗件没有任何损伤，因为此时不产生空化，其清洗机理主要是声压梯度、粒子速度和声流作用。

清洗剂的选择可从不同污物的性质及是否易于超声清洗两个方面考虑。

清洗液的静压力大时，不容易产生空化，所以在密闭加压容器中进行超声清洗或处理时效果较差。

清洗液的流动速度对超声清洗效果也有很大影响，最好是在清洗过程中液体静止不流动，这时泡的生长和闭合运动能够充分完成。如果清洗液的流速过快，则有的空化核会被流动的液体带走，有些空化核则在没有达到生长闭合运动整个过程时就离开声场。因而使总的空化强度降低。在实际清洗过程中有时为避免污物重新黏附在清洗件上，清洗液需要不断流动更新，此时应注意清洗液的流动速度不能过快，以免降低清洗效果。

被清洗件的声学特性和在清洗槽中的排列对清洗效果也有较大影响。吸声大的清洗件，如橡胶、布料等清洗效果差，而对声反射强的清洗件，如金属件、玻璃制品的清洗效果好。清洗件面积小的一面应朝声源排放，排列要有一定间距。清洗件不能直接放在清洗槽底部，尤其是较重的清洗件，以免影响槽底板的振动，也避免清洗件擦伤底板而加速空化腐蚀。清洗件最好是悬挂在槽中，或用金属笺筐盛好悬挂，但必须注意要用金属丝做成，并尽可能用细丝做成空格较大的筐，以减少声的吸收和屏蔽。

清洗液中气体的含量对超声波清洗效果也有影响。在清洗液中如果有残存气体（非空化核），会增加声传播损失，在开机时先以低于空化阈值的功率水平作振动，减少清洗液中的残存气体。

要得到良好的清洗效果，必须选择适当的声学参数和清洗液。

2. 清洗方法

（1）直接清洗

放水和清洗液于清洗槽中，把被洗物件直接放在托架上，也可用吊架把被洗物件悬吊起来，并浸入到清洗液中。如附图 14 所示。

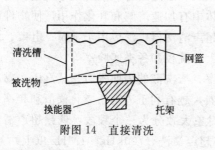

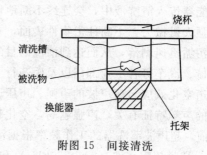

附图 14　直接清洗　　　　　　附图 15　间接清洗

（2）间接清洗

放水和清洗液于清洗槽中，把所需的化学清洗剂倒入烧杯或其他适合的容器内，并将被洗物浸入其中，然后把装有化学清洗剂和被洗物的容器浸入到槽内托架上。需注意的是，一定不能让容器触碰槽底。如附图 15 所示。

直接和间接两种清洗方法，它们各有优劣，如果不知道选择哪种方法更好，可在进行清洗效果实验后再作选择。直接清洗的优点是清洗效率高并便于操作。间接清洗的优点是能清楚地看到存留在烧杯内的清除出来的污垢，便于对它们进行过滤或抛弃，能同时使用两种或更多的清洗溶剂。

（3）漂洗、干燥

① 对被洗物进行漂洗以去除残留在其表面的化学清洗剂。

② 可用压缩空气、热吹风机或烘箱对被洗物进行干燥。

③ 超声清洗会洗去被洗物表面的防锈油，因此有必要在清洗之后涂上防锈油。

3. 清洗器的使用

① 确保所用的电源电压与清洗器标牌上标明的电压一致，并接地良好时插入电源插头。

② 选择清洗方法。

a. 直接清洗。在清洗器槽内放置托架、水和清洗液，把被洗物放在托架上，也可用吊架把被洗物悬吊起来，并浸入到清洗液中。清洗槽内严禁放入酒精、丙酮、汽油等易燃溶液以及强酸、强碱等腐蚀性溶液。如果必须使用上述溶液，建议使用间接清洗法。

b. 间接清洗。放水和清洗液于清洗槽中，并放置托架把所需的化学清洗剂倒入烧杯或其他合适的容器中，并将被洗物浸入其中，然后把装有化学清洗剂和被洗物的容器浸入到槽内的托架上。

③ 根据放入槽内的被清洗物调整液面，确保液面至"建议水位线"。

④ 把定时调到适当的时间上，由于清洗对象不同，所花的时间也有很大的不同，大部分物件一般清洗几分钟，有些物件可能需要时间长一些，具体时间可通过实验确定。

⑤ 打开开关，并等候 2～5min 使清洗器溶液脱气，脱气过程仅需在每天开始清洗前或更换溶液后进行。

⑥ 清洗结束后，如有必要可用清水漂洗。

4. 注意事项

① 只有在良好接地的情况下才能使用清洗器。

② 在倒入或倒出溶液之前应拔去电源插头。

③ 必须由专业人员打开清洗器。

④ 只能使用水溶清洗液。

⑤ 不要使用酒精、汽油或其他易燃溶液，以免引起爆炸或火灾。

⑥ 不要使用各种强酸、强碱等腐蚀性溶液，以免腐蚀损坏清洗槽。

⑦ 不要用手接触清洗槽或溶液，他们可能是高温烫手的。

⑧ 不要使清洗溶液的温度超过 70℃。

⑨ 槽内无清洗液的情况下不能开机工作。

⑩ 液面放至"建议水位线"，并随时根据放入槽内的被清洗物件的多少来调整液面，保持液面至"建议水位线"。

⑪ 不要把被清洗物直接放在清洗槽底部，应把它们悬挂起来或放在托架上，不然会损坏换能器。

⑫ 定期更换清洗溶液。

十、红外光谱仪

近年来，红外光谱仪已在有机化学中得到了广泛的应用。红外光谱仪不但可以鉴别有机化合物分子中所含的化学键和官能团，还可以鉴别这种化合物是饱和的还是不饱和的，是芳香族的还是脂肪族的，从而可以推断出化合物的分子结构。

在有机化合物的理论研究中，红外光谱用来测定分子中化学键的强度、键长、键角，还可用于反应机理的研究。特别是近年来电子计算机技术得到应用之后，利用红外光谱研究吸收谱带随时间的变化（即化学动力学的研究），就更为方便了。

红外光谱对气态、液态和固态样品都可以进行分析，这是它的一大优点。气体样品可装入特制的气体池内进行分析。液体样品可以是纯净液体，也可以配制成溶液。所选用的溶剂必须对溶质具有较大的溶解度，在红外线范围内无吸收、不腐蚀窗片材料，对溶质不发生强的溶剂效应。原则上，分子简单、极性小的物质都可用作红外光谱样品的溶剂，如 CCl_4、CS_2 等。一般纯净液体样品只需要 1～2 滴即可。固体样品可采用 KBr 压片来制备，KBr 与样品的比例大约为 100:1，通常固体取样 1～2mg 即可。固体样品也可以用液体石蜡或六氯丁二烯调成糊剂进行测量，称为糊状法。

用红外光谱分析的样品不应含有游离水，因为水的存在会腐蚀吸收池的窗片（常用的窗片材料为 NaCl、KBr 等），而且在吸收光谱中会出现强的水的吸收峰而干扰测定。红外光谱以分析纯样品为宜，多组分试样必须预先进行组分的分离，否则会使各组分的光谱相互重叠，给谱图解析带来困难甚至无法解释。傅里叶变换红外光谱问世后，对于组分不太复杂的样品可不必分离而采用差谱技术进行分析鉴定。

红外线波长在 $0.7 \sim 1000 \mu m$（波数 $14000 \sim 10 cm^{-1}$）之间，通常又把这个区域划分为近红外区 $[0.7 \sim 2.5 \mu m\ (14000 \sim 4000 cm^{-1})]$、中红外区 $[2.5 \sim 25 \mu m\ (4000 \sim 400 cm^{-1})]$ 和远红外区 $[25 \sim 1000 \mu m\ (400 \sim 10 cm^{-1})]$ 三个区域。用于有机化合物结构分析的是中红外区，因为分子振动的基频在此区域。

用一束红外线照射样品分子时，样品分子就要吸收能量，由于物质对光具有选择性吸收，即对各种波长的单色光会产生大小不同的吸收，将样品对每一种单色光的吸收情况记录下来，就可得到红外吸收光谱。

红外吸收光谱仪有两种主要类型：使用光栅作为色散元件的普通红外吸收光谱仪（IR）和适用迈克尔干涉仪的傅里叶变换红外光谱仪（FTIR）。后者不使用色散元件，光源发出的红外线经过干涉仪和试样后获得含试样信息的干涉图，经计算机采集和快速傅里叶变换得到化合物的红外光谱图。傅里叶变换红外吸收光谱仪具有很高的分辨率和灵敏度，扫描速度快（在 1s 内可完成全谱扫描），特别适合弱红外光谱测定。傅里叶变换红外吸收光谱仪的工作原理如附图 16 所示。

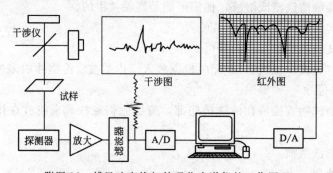

附图 16　傅里叶变换红外吸收光谱仪的工作原理

十一、微量注射器的使用方法

1. 抽样

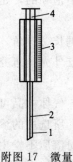

附图 17　微量
注射器

1—针头；2—中间
金属丝；3—刻度
玻璃套管；4—金
属空心轴

用微量注射器（附图 17）抽取液样时，通过反复地把液体抽入注射器内再迅速把其排回瓶中的操作方法，可排除注射器内的空气。但必须注意，对于黏稠的液体，推得过快会使注射器胀裂。

抽取样品时，可先抽出需用量的 2 倍，然后使注射器针尖垂直朝上，穿过一层纱布，以吸收排出的液体。推注射器柱塞至所需读数，此时空气已排尽。用纱布擦干针尖，拉回部分柱塞，使之抽进少量空气。此少量空气有两个作用：①能在色谱图上流出一个空气峰，便于计算调整保留值；②能有一段空气缓冲段，使样液不致流失。

2. 注射

双手拿注射器，用一只手（通常是左手）把针插入进样口垫片，另一只手用力使针刺透垫片，同时用右手拇指顶住柱塞，以防止色谱仪内压力将柱塞反弹出来。注射大体积气样或柱前压较高时，后一操作更加重要。

注射器针头要完全插入进样口，压下柱塞停留 1～2s，然后尽可能快而稳地抽出针头（手指始终压住柱塞）。

3. 清洗

色谱进样为高沸点液体时，注射器用后必须用挥发性溶剂如二氯甲烷或丙酮等清洗。清洗办法是将洗液反复吸入注射器，高沸点溶液被洗净后，将注射器取出，在空气中不断反复抽吸空气，使溶剂挥发。最后用纱布擦干柱塞，再装好待用。如针头长期使用变钝，可用磨石磨锐。

附录 B　常用参数

表 1　常用酸碱溶液相对密度及组成

1. 盐酸（HCl）

质量分数/%	相对密度 d_4^{20}	100mL 水溶液中含 HCl 的质量/g	质量分数/%	相对密度 d_4^{20}	100mL 水溶液中含 HCl 的质量/g
1	1.0032	1.002	22	1.1083	24.38
2	1.0082	2.006	24	1.1187	26.85
4	1.0181	4.007	26	1.1290	29.35
6	1.0279	6.167	28	1.1392	31.90
8	1.0376	8.301	30	1.1492	34.48
10	1.0474	10.47	32	1.1593	37.10
12	1.0574	12.69	34	1.1691	39.75
14	1.0675	14.95	36	1.1789	42.44
16	1.0776	17.24	38	1.1885	45.16
18	1.0878	19.58	40	1.1980	47.92
20	1.0980	21.96			

2. 硫酸（H_2SO_4）

质量分数/%	相对密度 d_4^{20}	100mL 水溶液中含 H_2SO_4 的质量/g	质量分数/%	相对密度 d_4^{20}	100mL 水溶液中含 H_2SO_4 的质量/g
1	1.0051	1.005	65	1.5533	101.0
2	1.0118	2.024	70	1.6105	112.7
3	1.0184	3.055	75	1.6692	125.2
4	1.0250	4.100	80	1.7272	138.2
5	1.0317	5.159	85	1.7786	151.2
10	1.0661	10.66	90	1.8144	163.3
15	1.1020	16.53	91	1.8195	165.6
20	1.1394	22.79	92	1.8240	167.8
25	1.1783	29.46	93	1.8279	170.2
30	1.2185	36.56	94	1.8312	172.1
35	1.2599	44.10	95	1.8337	174.2
40	1.3028	52.11	96	1.8355	176.2
45	1.3476	60.64	97	1.8364	178.1
50	1.3951	69.76	98	1.8361	179.9
55	1.4453	79.49	99	1.8342	181.6
60	1.4983	89.90	100	1.8305	183.1

3. 硝酸（HNO_3）

质量分数/%	相对密度 d_4^{20}	100mL 水溶液中含 HNO_3 的质量/g	质量分数/%	相对密度 d_4^{20}	100mL 水溶液中含 HNO_3 的质量/g
1	1.0036	1.004	65	1.3913	90.43
2	1.0091	2.018	70	1.4134	98.94
3	1.0146	3.044	75	1.4337	107.5
4	1.0201	4.080	80	1.4521	116.2
5	1.0256	5.128	85	1.4686	124.8
10	1.0543	10.54	90	1.4826	133.4
15	1.0842	16.26	91	1.4850	135.1
20	1.0050	22.30	92	1.4873	136.8
25	1.1469	28.67	93	1.4892	138.5
30	1.1800	35.40	94	1.4912	140.2
35	1.2140	42.49	95	1.4932	141.9
40	1.2463	49.85	96	1.4952	143.5
45	1.2783	57.52	97	1.4974	145.2
50	1.3100	65.50	98	1.5008	147.1
55	1.3393	73.66	99	1.5056	149.1
60	1.3667	82.00	100	1.5129	15.3

4. 氢溴酸（HBr）

质量分数/%	相对密度 d_4^{20}	100mL 水溶液中含 HBr 的质量/g	质量分数/%	相对密度 d_4^{20}	100mL 水溶液中含 HBr 的质量/g
10	1.0723	10.7	45	1.4446	65.0
20	1.1579	23.2	50	1.5173	75.8
30	1.2580	37.7	55	1.5953	87.7
35	1.3150	46.0	60	1.6787	100.7
40	1.3772	56.1	65	1.7675	114.9

5. 氢碘酸（HI）

质量分数/%	相对密度 d_4^{20}	100mL 水溶液中含 HI 的质量/g	质量分数/%	相对密度 d_4^{20}	100mL 水溶液中含 HI 的质量/g
20.77	1.1578	24.4	56.78	1.6998	96.6
31.77	1.2962	41.2	61.97	1.8218	112.8
42.7	1.4489	61.9			

6. 醋酸（CH_3COOH）

质量分数/%	相对密度 d_4^{20}	100mL 水溶液中含 CH_3COOH 的质量/g	质量分数/%	相对密度 d_4^{20}	100mL 水溶液中含 CH_3COOH 的质量/g
1	0.9996	0.9996	15	15.29	15.29
2	2.002	2.002	20	20.53	20.53
3	3.008	3.008	25	25.82	25.82
4	4.016	4.016	30	31.15	31.15
5	5.028	5.028	35	36.53	36.53
10	10.13	10.13	91	1.0652	96.93

续表

质量分数/%	相对密度 d_4^{20}	100mL 水溶液中含 CH_3COOH 的质量/g	质量分数/%	相对密度 d_4^{20}	100mL 水溶液中含 CH_3COOH 的质量/g
92	1.0643	97.92	70	1.0685	74.88
93	1.0632	98.88	75	1.0696	80.22
94	1.0619	99.82	80	1.0700	85.60
95	1.0605	100.7	85	1.0689	90.86
40	1.0488	41.95	90	1.0661	95.95
45	1.0534	47.40	96	1.0588	101.6
50	1.0575	52.88	97	1.0570	102.5
55	1.0611	58.36	98	1.0549	103.4
60	1.0642	63.85	99	1.0524	104.2
65	1.0666	69.33	100	1.0498	105.0

7. 氢氧化钠（NaOH）

质量分数/%	相对密度 d_4^{20}	100mL 水溶液中含 NaOH 的质量/g	质量分数/%	相对密度 d_4^{20}	100mL 水溶液中含 NaOH 的质量/g
1	1.0095	1.010	26	1.2848	33.40
2	1.0207	2.041	28	1.3064	36.58
4	1.0428	4.171	30	1.3279	39.84
6	1.0648	6.389	32	1.3490	43.17
8	1.0869	8.695	34	1.3696	46.57
10	1.1089	11.09	36	1.3900	50.04
12	1.1309	13.57	38	1.4101	53.58
14	1.1530	16.14	40	1.4300	57.20
16	1.1751	18.80	42	1.4494	60.87
18	1.1972	21.55	44	1.4685	64.61
20	1.2191	24.38	46	1.4873	68.42
22	1.24411	27.30	48	1.5065	72.31
24	1.26299	30.31	50	1.5253	76.27

8. 碳酸钠（Na_2CO_3）

质量分数/%	相对密度 d_4^{20}	100mL 水溶液中含 Na_2CO_3 的质量/g	质量分数/%	相对密度 d_4^{20}	100mL 水溶液中含 Na_2CO_3 的质量/g
1	1.0086	1.009	12	1.1244	13.49
2	1.0190	2.038	14	1.1463	16.05
4	1.0398	4.159	16	1.1682	18.55
6	1.0606	6.364	18	1.1905	21.33
8	1.0816	8.653	20	1.2132	24.26
10	1.1029	11.03			

表2　常用浓酸、氨水、过氧化氢密度及浓度

名称	基本单元		相对密度	近似浓度	
	化学式	摩尔质量		质量浓度/%	物质的量浓度/(mol/L)
盐酸	HCl	36.46	1.19	38	12
硝酸	HNO_3	63.01	1.42	70	16
硫酸	H_2SO_4	98.07	1.84	98	18

续表

名称	基本单元		相对密度	近似浓度	
	化学式	摩尔质量		质量浓度/%	物质的量浓度/(mol/L)
高氯酸	$HClO_4$	100.46	1.67	70	11.6
磷酸	H_3PO_4	98.00	1.69	85	15
氢氟酸	HF	20.01	1.13	40	22.5
冰醋酸	CH_3COOH	60.05	1.05	99.9	17.5
氨水	$NH_3 \cdot H_2O$	35.05	0.90	27(NH_3)	14.5
氢溴酸	HBr	80.93	1.49	47	9
甲酸	HCOOH	46.04	1.06	26	6
过氧化氢	H_2O_2	34.01		>30	

表 3 常用稀酸

名 称	浓 度	配制方法
盐酸	3mol/L	将 258mL 17.8mol/L 浓盐酸(质量分数 36% HCl)用水稀释至 1L
硫酸	3mol/L	将 168mL 17.8mol/L 浓硫酸(质量分数 95.5% H_2SO_4)徐徐加入约 700mL 水中,然后用水稀释至 1L
硝酸	3mol/L	将 195mL 15.4mol/L 浓硝酸(质量分数 69% HNO_3)用水稀释至 1L
醋酸	3mol/L	将 172mL 17.4mol/L 浓醋酸(质量分数 99%~100% HAc)用水稀释至 1L
磷酸	3mol/L	将 205mL 14.6mol/L 浓磷酸(质量分数 85% H_3PO_4)用水稀释至 1L

表 4 常用稀碱

名 称	浓 度	配制方法
氢氧化钠	3mol/L	溶解 126g(质量分数 95%)于水中,稀释至 1L
氢氧化钙	0.02mol/L	即石灰水,是氢氧化钙的饱和溶液,每升 1.5g Ca(OH)$_2$。用稍过量的氢氧化钙配制,过滤其中的 $CaCO_3$,并保护溶液不受空气中 CO_2 的作用
氢氧化钡	0.2mol/L	此溶液是氢氧化钡的饱和溶液,每升含 63g Ba(OH)$_2 \cdot 8H_2O$。用稍过量的氢氧化钡配制,滤掉 $BaCO_3$,并保护溶液不受空气中 CO_2 的侵蚀
氢氧化钾	3mol/L	溶解 176g 氢氧化钾(质量分数 95%)于水中,稀释至 1L
氨水	3mol/L	将 209mL 浓氨水(14.3mol/L,体积分数 27% NH_3)用水稀释至 1L

表 5 干燥剂干燥空气的效果

干燥剂	水蒸气含量/(g/m³)	干燥剂	水蒸气含量/(g/m³)
空气冷却至-194℃	1.6×10^{-23}	Al_2O_3	0.003
P_2O_5	2×10^{-5}	$CaSO_4$	0.004
BaO	0.00065	MgO	0.008
$Mg(ClO_4)_2$	0.0005	空气冷却至-72℃	0.016
$Mg(ClO_4)_2 \cdot 3H_2O$	0.002	硅胶	0.03
KOH(熔融)	0.002	空气冷却至-21℃	0.045
H_2SO_4(质量分数 100%)	0.003	$CaBr_2$	0.14
NaOH(熔融)	0.16	$ZnCl_2$	0.85
CaO	0.2	$ZnBr_2$	1.16
H_2SO_4(质量分数 95.1%)	0.3	$CuSO_4$	1.4
$CaCl_2$(熔融)	0.36		

表6　某些常用干燥剂的特性

干燥剂	适宜于干燥下列物质	不能用于干燥下列物质	附注
P_2O_5	中性和酸性气体、乙炔、二硫化碳、烃类、卤素衍生物、酸类	碱类、醇类、醚类、HCl、NF、NH_3	潮解，干燥气体时必须和填料混合
H_2SO_4	中性和酸性气体	不饱和化合物、酸类、酮类、碱类、H_2S、HI、NH_3	不能用于真空干燥和升温干燥
碱石灰 CaO、BaO	中性和碱性气体、胺类、醇类、醚类	醛类、酮类、酸性物质	特别适宜用于干燥气体
NaOH、KOH	氨、胺类、醚类、烃、碱类	醛类、酮类、酸性物质	潮解，一般用于预防干燥
K_2CO_3	丙酮、胺类、醇类、肼类、腈类、碱类、卤素衍生物	酸性物质	潮解
金属钠	醚类、烃类、叔胺类	氯代烃类、醇类、其他和钠反应的物质	与氯代烃类接触时有爆炸危险
$CaCl_2$	烷烃、烯烃、卤素衍生物、丙酮、醚类、醛类、硝基化合物、中性气体、HCl 二硫化碳	酯类、醇类、胺类、NH_3	价廉的干燥剂、一般含有碱性杂质
$Mg(ClO_4)_2$	气体、包括氨	易氧化的有机物质	多用于分析目的，有爆炸危险
Na_2SO_4、$MgSO_4$	酯类、酮类		

表7　适用于某些气体的干燥剂

气体	干燥剂	气体	干燥剂
O_2、N_2、CO、CO_2	$CaCl_2$、P_2O_5	HI	CaI_2
SO_2	H_2SO_4（浓）	H_2S	$CaCl_2$
CH_4		O_3	$CaCl_2$、P_2O_5
H_2	$CaCl_2$、P_2O_5、H_2SO_4（适用于不太精确的工作）	NH_3	KOH、CaO、BaO、$Mg(ClO_4)_2$
HCl、Cl_2	$CaCl_2$、H_2SO_4（浓）	乙烯	H_2SO_4（浓、冷）
HBr	$CaBr_2$	乙炔	NaOH、P_2O_5

表8　适用于某些液体的干燥剂

液　体	干燥剂
卤代烃类	P_2O_5、H_2SO_4、$CaCl_2$
醛类	$CaCl_2$
胺类	NaOH、KOH、K_2CO_3、CaO、BaO、碱石灰
肼类	K_2CO_3
酮类	K_2CO_3、高级酮类用 $CaCl_2$ 干燥
酸类（HCl、HF 除外）	Na_2SO_4、P_2O_5
腈类	K_2CO_3
硝基化合物	$CaCl_2$、Na_2SO_4
碱类	KOH、K_2CO_3、BaO、NaOH
氮碱类（易氧化）	$CaCl_2$

续表

液　　体	干燥剂
二硫化碳	$CaCl_2$、P_2O_5
醇类	K_2CO_3、$CuSO_4$、CaO、Na_2SO_4、BaO、Ca、碱石灰
饱和烃类	P_2O_5、H_2SO_4、Na、$CaCl_2$、NaOH、KOH
不饱和烃类	$CaCl_2$、Na、P_2O_5
酚类	Na_2SO_4
醚类	$CaCl_2$、Na、$CuSO_4$、CaO、NaOH、KOH、碱石灰
酯类	K_2CO_3、Na_2SO_4、$MgSO_4$、$CaCl_2$、P_2O_5

表 9 常用气体吸收剂

被吸收气体名称	吸收剂名称	吸收剂浓度
CO_2、SO_2、H_2S、PH_3	氢氧化钾（KOH）	颗粒状固体或 30%～35% 水溶液
	乙酸镉[$Cd(CH_3COO)_2 \cdot 2H_2O$]	80g 乙酸镉溶于 100mL 水中，加入几滴冰醋酸
Cl_2 和酸性气体	KOH	80g 乙酸镉溶于 100mL 水中，加入几滴冰醋酸
Cl_2	碘化钾（KI）	1mol/L KI 溶液
	亚硫酸钠（Na_2SO_3）	1mol/L Na_2SO_3 溶液
HCl	KOH	1mol/L Na_2SO_3 溶液
	硝酸银（$AgNO_3$）	1mol/L $AgNO_3$ 溶液
H_2SO_4、SO_3	玻璃棉	—
HCN	KOH	250g KOH 溶于 800mL 水中
H_2S	硫酸铜（$CuSO_4$）	1% $CuSO_4$ 溶液
	乙酸镉[$Cd(CH_3COO)_2$]	1% $Cd(CH_3COO)_2$ 溶液
NH_3	酸性溶液	0.1mol/L HCl 溶液
AsH_3	$Cd(CH_3COO)_2 \cdot 2H_2O$	80g 乙酸镉溶于 100mL 水中，加入几滴冰醋酸
NO	高锰酸钾（$KMnO_4$）	0.1mol/L $KMnO_4$ 溶液
不饱和烃	发烟硫酸（H_2SO_4）	含 20%～25% SO_3 的 H_2SO_4
	溴溶液	5%～10% KBr 溶液用 Br_2 饱和
O_2	黄磷（P）	固体
N_2	钡、钙、锗、镁等金属	使用 80～100 目的细粉

表 10 常用指示剂的制备

名　　称	配制及变色范围
麝香草酚酞指示剂	取麝香草酚酞 0.1g，加乙醇 100mL 使溶解，即得。变色范围 pH＝9.3～10.5（无色→蓝）
配制碘水试剂	称取分析纯碘片 6.5g，放于小烧杯中，另外称取固体 KI 18.5g，并先把碘片溶解于少量酒精中，再加水至 100mL，搅拌均匀即可
碘酒的配方	碘 I_2 25g，碘化钾 KI 10g，乙醇 C_2H_5OH 500mL，最后加水至 1000mL。配制时应先将 KI 溶解于 10mL 水中，配成饱和溶液。再将碘 I_2 加入 KI 溶液中，然后加入 C_2H_5OH，搅拌溶解后，添加蒸馏水至 1000mL，即成为常用的皮肤消毒剂

名　　称	配制及变色范围
酚酞指示剂	称量 0.1g 酚酞,然后用少量 95% 乙醇或者无水乙醇溶解,定量转移至 100mL 容量瓶后再用乙醇定容稀释到 100mL 即可 0.5%酚酞乙醇溶液:取 0.5g 酚酞,用乙醇溶解,并稀释至 100mL,无需加水。变色范围 pH=8.3~10.0(无色→红)
石蕊指示剂	取 1g 石蕊粉末溶于 50mL 水中,静置一昼夜后过滤。在滤液中加 30mL 95%乙醇,再加水稀释至 100mL。变色范围 pH=4.5~8.0(红→蓝)
0.1%甲基橙指示剂	称取 0.1g 甲基橙加蒸馏水 100mL,热溶解,冷却后过滤备用。变色范围 pH=3.2~4.4(红→黄)
0.5g/L 淀粉指示剂	称取 0.5g 可溶性淀粉放入 50mL 烧杯中,量取 100mL 蒸馏水,先用数滴把淀粉调成糊状,再约 90mL 水在电炉上加热至微沸时,倒入糊状淀粉,再用剩余蒸馏水冲洗 50mL 烧杯 3 次,洗液倒入烧杯,然后再加入 1 滴 10%盐酸,微沸 3min,加热过程中要搅拌。 注:1. 加入盐酸是为了使淀粉指示剂更加稳定, 2. 指示剂用量不大时可只配制 100mL 或 200mL
碘化钾淀粉指示液	取碘化钾 0.2g,加新制的淀粉指示液 100mL 使溶解
甲基红指示液	取甲基红 0.1g,加 0.05mol/L 氢氧化钠溶液 7.4mL 使溶解,再加水稀释至 200mL,即得。变色范围 pH=4.2~6.3(红→黄)
铬黑 T 指示剂	取铬黑 T 0.1g,加氯化钠 10g,研磨均匀,即得
铬酸钾指示液	取铬酸钾 10g,加水 100mL 使溶解,即得
硫酸铁铵指示液	取硫酸铁铵 8g,加水 100mL 使溶解,即得
乙氧基黄吡精指示液	取乙氧基黄吡精 0.1g,加乙醇 100mL 使溶解,即得。变色范围 pH=3.5~5.5(红→黄)
二甲基黄指示液	取二甲基黄 0.1g,加乙醇 100mL 使溶解,即得。变色范围 pH=2.9~4.0(红→黄)
二甲基黄-亚甲蓝混合指示液	取二甲基黄与亚甲蓝各 15mg,加氯仿 100mL,振摇使溶解(必要时微温),滤过,即得
二甲基黄-溶剂蓝 19 混合指示液	取二甲基黄与溶剂蓝 19 各 15mg,加氯仿 100mL 使溶解,即得
二甲酚橙指示	取二甲酚橙 0.2g,加水 100mL 使溶解,即得
二苯偕肼指示液	取二苯偕肼 1g,加乙醇 100mL 使溶解,即得
儿茶酚紫指示液	取儿茶酚紫 0.1g 加 100mL 使溶解,即得。变色范围 pH=6.0~7.0、pH=7.0~9.0(黄→紫→紫红)
中性红指示液	取中性红 0.5g,加水使溶解成 100mL,滤过,即得。变色范围 pH=6.8~8.0(红→黄)
孔雀绿指示液	取孔雀绿 0.3g,加冰醋酸 100mL 使溶解,即得。变色范围 pH=0.0~2.0(黄→绿);pH=11.0~13.5(绿→无色)
甲基红-亚甲蓝混合指示液	取 0.1%甲基红的乙醇溶液 20mL,加 0.2%亚甲蓝溶液 8mL,摇匀,即得
甲基红-溴甲酚绿混合指示液	取 0.1%甲基红的乙醇溶液 20mL,加 0.2%溴甲酚绿的乙醇溶液 30mL,摇匀,即得
甲基橙-二甲苯蓝 FF 混合指示液	取甲基橙与二甲苯蓝 FF 各 0.1g,加乙醇 100mL 使溶解,即得
甲基橙-亚甲蓝混合指示液	取甲基橙指示液 20mL,加 0.2%亚甲蓝溶液 8mL,摇匀,即得
甲酚红指示液	取甲酚红 0.1g,加 0.05mol/L 氢氧化钠溶液 5.3mL 使溶解,再加水稀释至 100mL,即得。变色范围 pH=7.2~8.8(黄→红)

续表

名　称	配制及变色范围
甲酚红-麝香草酚蓝混合指示液	取甲酚红指示液 1 份与 0.1% 麝香草酚蓝溶液 3 份,混合,即得
四溴酚酞乙酯钾指示液	取四溴酚酞乙酯钾 0.1g,加冰醋酸 100mL,使溶解,即得
对硝基酚指示液	取对硝基酚 0.25g,加水 100mL 使溶解,即得
刚果红指示液	取刚果红 0.5g,加 10% 乙醇 100mL 使溶解,即得。变色范围 pH=3.0~5.0(蓝→红)
苏丹Ⅳ指示液	取苏丹Ⅳ0.5g,加氯仿 100mL 使溶解,即得
含锌碘化钾淀粉指示液	取水 100mL,加碘化钾溶液 5mL 与氯化锌溶液 10mL,煮沸,加淀粉混悬液(取可溶性淀粉 5g,加水 30mL 搅匀制成),随加随搅拌,继续煮沸 2min,放冷,即得。本液应在阴凉处密闭保存
邻二氮菲指示液	取硫酸亚铁 0.5g,加水 100mL 使溶解,加硫酸 2 滴与邻二氮菲 0.5g,摇匀,即得。本液应临用新制
间甲酚紫指示液	取间甲酚紫 0.1g,加 0.01mol/L 氢氧化钠溶液 10mL 使溶解,再加水稀释至 100mL,即得。变色范围 pH=7.5~9.2(黄→紫)
金属酞指示液(邻甲酚酞络合指示液)	取金属酞 1g,加水 100mL 使溶解,即得
茜素磺酸钠指示液	取茜素磺酸钠 0.1g,加水 100mL 使溶解,即得。变色范围 pH=3.7~5.2(黄→紫)
荧光黄指示液	取荧光黄 0.1g,加乙醇 100mL 使溶解,即得
耐尔蓝指示液	取耐尔蓝 1g,加冰醋酸 100mL 使溶解,即得。变色范围 pH=10.1~11.1(蓝→红)
钙黄绿素指示剂	取钙黄绿素 0.1g,加氯化钾 10g,研磨均匀,即得
钙紫红素指示剂	取钙紫红素 0.1g,加无水硫酸钠 10g,研磨均匀,即得
亮绿指示液	取亮绿 0.5g,加冰醋酸 100mL 使溶解,即得。变色范围 pH=0.0~2.6(黄→绿)
姜黄指示液	取姜黄粉末 20g,用冷水浸渍 4 次,每次 100mL,除去水溶性物质后,残渣在 100℃下干燥,加乙醇 100mL,浸渍数日,滤过,即得
结晶紫指示液	取结晶紫 0.5g,加冰醋酸 100mL 使溶解,即得
萘酚苯甲醇指示液	取 α-萘酚苯甲 0.5g,加冰醋酸 100mL 使溶解,即得。变色范围 pH=8.5~9.8(黄→绿)
酚磺酞指示液	取酚磺酞 0.1g,加 0.05mol/L 氢氧化钠溶液 5.7mL 使溶解,再加水稀释至 200mL,即得。变色范围 pH=6.8~8.4(黄→红)
偶氮紫指示液	取偶氮紫 0.1g,加二甲基甲酰胺 100mL 使溶解,即得
喹哪啶红指示液	取喹哪啶红 0.1g,加甲醇 100mL 使溶解,即得。变色范围 pH=1.4~3.2(无色→红)
溴甲酚紫指示液	取溴甲酚紫 0.1g,加 0.02mol/L 氢氧化钠溶液 20mL 使溶解,再加水稀释至 100mL,即得。变色范围 pH=5.2~6.8(黄→紫)
溴甲酚绿指示液	取溴甲酚绿 0.1g,加 0.05mol/L 氢氧化钠溶液 2.8mL 使溶解,再加水稀释至 200mL,即得。变色范围 pH=3.6~5.2(黄→蓝)
溴酚蓝指示液	取溴酚蓝 0.1g,加 0.05mol/L 氢氧化钠溶液 3.0mL 使溶解,再加水稀释至 200mL,即得。变色范围 pH=2.8~4.6(黄→蓝绿)
溴麝香草酚蓝指示液	取溴麝香草酚蓝 0.1g,加 0.05mol/L 氢氧化钠溶液 3.2mL 使溶解,再加水稀释至 200mL,即得。变色范围 pH=6.0~7.6(黄→蓝)
溶剂蓝 19 指示液	取 0.5g 溶剂蓝 19,加冰醋酸 100mL 使溶解,即得

续表

名　称	配制及变色范围
橙黄Ⅳ指示液	取橙黄Ⅳ0.5g,加冰醋酸100mL使溶解,即得。变色范围pH=1.4~3.2(红→黄)
曙红钠指示液	取曙红钠0.5g,加水100mL使溶解,即得
饱和溴水	在有磨口玻璃塞的瓶内,将市售溴约50g(约16mL)在2h内注于1L水中,时常剧烈振荡,每次摇动之后,微开瓶塞,使积聚的溴蒸气放出。在贮存瓶底要有过量的溴。将溴水倒入试剂瓶时,过量的溴应当留于贮存瓶中而不要倒出。倾倒溴和溴水时,应在通风橱中进行。在倾倒溴时,为了防止被溴蒸气烧伤,应以凡士林涂手或戴医用橡胶手套

表 11　常见试纸的制作方法和用途

名称及颜色	制备方法	用　途
红色石蕊试纸	用50份热的乙醇溶液浸泡1份石蕊一昼夜,倾去浸出液,按1份存留石蕊加6份水的比例煮沸,并不断搅拌,片刻后静置一昼夜,滤去不溶物得紫色石蕊溶液,若溶液颜色不够深,则需加热浓缩,然后向此石蕊溶液中滴加0.05mol/L的H_2SO_4溶液至刚呈红色,然后将滤纸浸入,充分浸透后取出,在避光、干燥、没有酸、碱蒸气的环境中晾干即成	在被pH≥8.0的溶液润湿时变蓝;用纯水浸湿后遇碱性蒸气(溶于水溶液pH≥8.0的气体如氨气)变蓝。常用于检验碱性溶液或蒸气等
蓝色石蕊试纸	用与上列相同的方法制得紫色石蕊溶液,向其中滴加0.1mol/L的NaOH溶液至刚呈蓝色,然后将滤纸浸入,充分浸透后取出,用与上述相同的方法晾干即成	被pH≤5的溶液浸湿时变红;用纯水浸湿后遇酸性蒸气或溶于水呈酸性的气体时变红。常用于检验酸性溶液或蒸气等
淀粉碘化钾试纸,白色	取1g可溶性淀粉置小烧杯中加水10mL,用玻璃棒搅成糊状,然后边搅拌边倒入正在煮沸的200mL水中并继续加热2~3min至溶液变清为止,再加入0.2g $HgCl_2$(防霉),制成淀粉溶液。再向其中溶解0.4g KI、0.4g $Na_2CO_3 \cdot 10H_2O$,将滤纸浸入其中,浸透后取出晾干	用于检测能氧化I^-的氧化剂如Cl_2、Br_2、NO_2、O_3、$HClO$、H_2O_2等,润湿的试纸遇上述氧化剂变蓝,也可以用来检测I_2
淀粉试纸,白色	将滤纸浸入上述未加KI、$Na_2CO_3 \cdot 10H_2O$的淀粉溶液中,浸透后取出晾干	润湿时遇I_2变蓝。用于检测I_2及其溶液
醋酸铅试纸,白色	将滤纸浸入3%的醋酸铅溶液中,浸透后取出,在无H_2S的环境中晾干	遇H_2S变黑色,用于检验痕量的H_2S
铁氰化钾试纸,淡黄色	将滤纸浸入饱和铁氰化钾溶液中,浸透后取出晾干	遇含Fe^{2+}的溶液变成蓝色,用于检验溶液中的Fe^{2+}
亚铁氰化钾试纸,淡黄色	将滤纸浸入饱和亚铁氰化钾溶液中,浸透后取出晾干	遇含Fe^{3+}的溶液呈蓝色,用于检验溶液中的Fe^{3+}
酚酞试纸,白色	将1g酚酞溶于100mL 95%的酒精后,边振荡边加入100mL水制成溶液,将滤纸浸入其中,浸透后在洁净、干燥的空气中晾干	遇碱性溶液变红,用水润湿后遇碱性气体(如氨气)变红,常用于检验pH>8.3的稀碱溶液或氨气等
醋酸镉试纸	取醋酸镉3g,加乙醇100mL使溶解,加氨试液至生成的沉淀绝大部分溶解,滤过,将滤纸条浸入滤液中,临用时取出晾干,即得	

名称及颜色	制 备 方 法	用 途
溴化汞试纸	取 1.25g 溴化汞溶于 25mL 乙醇中,将滤纸条浸入乙醇 1h 后取出,在暗处干燥,即得	比色法测(AsH$_3$)
硝酸汞试纸	取硝酸汞的饱和溶液 45mL,加硝酸 1mL,摇匀,将滤纸条浸入此溶液中,湿透后,取出晾干,即得	
姜黄试纸	取滤纸条浸入姜黄指示液中,湿透后,置于玻璃板上,在 100℃暗处干燥,即得	与碱作用变成棕色(硼酸对它同样的作用)
硝酸汞试纸	取硝酸汞的饱和溶液 45mL,加硝酸 1mL,摇匀,将滤纸条浸入此溶液中,湿透后,取出晾干,即得	
氨制硝酸银试纸	取滤纸条浸入氨制硝酸银试液中,湿透后,取出,即得。保持在棕色瓶中	检验硫化氢,作用时显黑色斑点
二氯化汞试纸	取滤纸条浸入二氯化汞的饱和溶液中,1h 后取出,在暗处以 60℃干燥,即得	
刚果红试纸	取滤纸条浸入刚果红指示液中,湿透后,取出晾干,即得	与无机酸作用变蓝(甲酸、一氯醋酸及草酸等有机酸也使它变蓝)
金莲橙 OO 试纸(橙黄 Ⅳ 试纸)	将 5g 金莲橙 OO 溶解在 100mL 水中,浸泡滤纸后晾干(开始为深黄色,晾干后变成鲜明的黄色)	pH 变色范围 1.3~3.2 红色→黄色
硝酸银试纸	将滤纸浸于质量分数为 25%的硝酸银溶液中,保存在棕色瓶中	检验硫化氢,作用时显黑色斑点
氯化汞试纸	将滤纸浸入质量分数为 3%的氯化汞乙醇溶液中,取出后晾干	比色法测砷(AsH$_3$)
氯化铅试纸	将滤纸浸入质量分数为 0.2%的 PdCl$_2$ 溶液中,干燥后,再浸于质量分数为 5%的乙酸中,晾干	与 CO 作用呈黑色
中性红试纸(黄及红)	溶解 0.1g 中性红于 20mL 0.1mol/L 盐酸中,所得溶液用水稀释至 200mL。把滤纸(最好是无灰滤纸)浸入于这样制备的指示剂溶液中数秒。新配制的红色试纸用水洗涤,再取一半浸在 0.1mol/L NaOH 溶液中,至试纸变成黄色后从氢氧化钠溶液中取出,制得的黄色或红色试纸置自来水流中小心洗涤 5~10min,之后再用蒸馏水洗净,干燥	黄——在碱性介质中变红色;在强酸性介质中变蓝色;红——在碱性介质中变黄色,在强酸性介质中变蓝色
苯胺黄试纸(黄色)	将 5g 苯胺黄溶解在 100mL 水中,浸渍滤纸后晾干(开始试纸为黄色,晾干后为鲜明的黄色)	在酸性介质中黄色变红色
硫化铊试纸	将滤纸浸在 0.1mol/L 碳酸铊溶液中,然后放在盛有硫化铵的溶液中直至变黑为止,取出后晾干。制成的试纸可维持 4d	用以检出游离硫,作用时显红棕色斑点
亚硝酰铁氰化钠试纸	将滤纸浸在亚硝酰铁氰化钠溶液中,取出后晾干并保存于暗处	用以检出硫化物,作用时显紫红色
对二甲基苯代砷酸锆试纸	混合等分乙醇与浓盐酸在其中溶解对二甲基苯代砷酸而制成质量分数为 0.025%的溶液,将滤纸浸在此溶液中数分钟,取出在空气中干燥后即呈玫瑰红色,再用质量分数为 0.01%的氧化锆酰在 1mol/L 盐酸溶液中浸 1min,纸即变棕色,然后用水、乙醇及乙醚顺序洗过,在真空中干燥	用以检出氟,作用时,在褐色的试纸上生成无色斑,并有红色外圈
α-安息香酮试纸	将滤纸浸入质量分数为 5%的 α-安息香酮的乙醇溶液中,取出后在室温下干燥	用于检测铜,作用时生成绿色斑
二苯氨基脲试纸	将滤纸浸入二苯氨基脲的乙醇饱和溶液中,取出后晾干。此试纸易失效,应用前新制	用于检出汞,作用时生成紫蓝色斑

续表

名称及颜色	制备方法	用途
硫氰化物试纸	将滤纸浸于饱和的硫氰化钾或硫氰化铵溶液中,取出后晾干	作用于高铁离子生成血红色
硝酸马钱子碱试纸	将滤纸浸于硝酸马钱子碱的饱和溶液中,取出后晾干	作用于锡时生成红色斑
锌试纸	滤纸浸入 0.3g 铜酸铵及 0.2g 亚铁氰化钾在 100mL 水中的溶液里,共浸入数分钟。取出使附着的液体滴净后,将试纸再浸在质量分数为 18% 的醋酸中,然后用水洗涤,在室温下干燥	用于检出锌,作用时在红棕色试纸上生成白色斑点
对二甲氨基偶氮苯代砷酸试纸	溶解 0.1g 对二甲氨基偶氮苯代砷酸于 100mL 乙醇中,在溶液中加入 5mL 浓盐酸将滤纸浸入所得的溶液中,然后在室温下干燥	用于检测锆,作用时呈现褐色斑点
黄原酸钠试纸	将滤纸浸入黄原酸钠的饱和溶液中,取出后阴干,立即浸入 10% 硝酸铬溶液中,取出用水淋洒,干燥	用于检测钼,作用时生成洋红色
蒽醌-1-偶氮二甲苯胺盐酸盐试纸	将蒽醌-1-偶氮二甲苯胺盐酸盐溶于饱和的氯化钠溶液中使其饱和,将滤纸浸于其中,取出后在空气中干燥,纸呈玫瑰色	用于检测锡,作用时生成蓝色斑,遇 HF 颜色褪去
蒽醌-1-偶氮二甲苯胺试纸	将滤纸浸入热的 0.05~1g 蒽醌-1-偶氮二甲苯胺溶在含有 2~3 滴浓硝酸的 100mL 乙醇溶液中,取出晾干	用于检出碲,作用时出现蓝色斑,为消除锑铋干扰可加 $NaNO_2$ 2 滴,如变玫瑰色显示碲存在
2,4,6,2',4',6'-六硝基二苯胺试纸	在分析前临时将 0.2g 2,4,6,2',4',6'-六硝基二苯胺溶解在 2mL 碳酸钠溶液中,加 15mL 水,将滤纸浸入其中,取出后将滤纸贴在玻璃上,在热空气中干燥	用于检测钾,作用时生成红色斑
电极试纸	用下列两种溶液的等体积混合物把滤纸浸湿:①1g 酚酞溶于 100mL 乙醇中;②5g 氯化钠溶于 100mL 水中。再使试纸干燥	用于检测原电池电极的正负,在与负极导线接触时呈粉红色
溴化钾-荧光黄试纸	0.2g 荧光黄、30g KBr,2g KOH 及 2g Na_2CO_3 溶于 100mL 水中,将滤纸浸入溶液后,晾干	与卤素作用呈红色
乙酸联苯胺试纸	2.86g 乙酸铜溶于水中与 475mL 饱和乙酸联苯胺溶液定容于 1L 容量瓶中混合,将滤纸浸入后晾干	与 HCN 作用呈蓝色
碘酸钾-淀粉试纸	将 1.07gKIO₃ 溶于 100mL 0.05mol/L H_2SO_4 中,加入新配制的质量分数为 0.5% 的淀粉溶液 100mL,将滤纸浸入后晾干	检测 NO、SO_2 等还原性气体,作用时呈蓝色
玫瑰红酸钠试纸	将滤纸浸于质量分数为 0.2% 的玫瑰红酸钠溶液中,取出后晾干,使用前新制备	检测锶,作用时生成红色斑点

表 12　酸碱指示剂变色范围

指示剂名称	变色 pH 值范围	颜色变化
甲基紫(第一变色范围)	0.13~0.5	黄~绿
苦味酸	0.0~1.3	无色~黄色
甲基绿	0.1~2.0	黄~绿~浅蓝
孔雀绿(第一变色范围)	0.13~2.0	黄~浅蓝~绿
甲酚红(第一变色范围)	0.2~1.8	红~黄
甲基紫(第二变色范围)	1.0~1.5	绿~蓝
百里酚蓝(麝香草酚蓝)(第一变色范围)	1.2~2.8	红~黄

续表

指示剂名称	变色 pH 值范围	颜色变化
甲基紫(第三变色范围)	2.0~3.0	蓝~紫
茜素黄 R(第一变色范围)	1.9~3.3	红~黄
二甲基黄	2.9~4.0	红~黄
甲基橙	3.1~4.4	红~橙黄
溴酚蓝	3.0~4.6	黄~蓝
刚果红	3.0~5.2	蓝紫~红
茜素红 S(第一变色范围)	3.7~5.2	黄~紫
溴甲酚绿	3.8~5.4	黄~蓝
甲基红	4.4~6.2	红~黄
溴酚红	5.0~6.8	黄~红
溴甲酚紫	5.2~6.8	黄~紫红
溴百里酚蓝	6.0~7.6	黄~蓝
中性红	6.8~8.0	红~亮黄
酚红	6.8~8.0	黄~红
甲酚红	7.2~8.8	亮黄~紫红
百里酚蓝(麝香草酚蓝)(第二变色范围)	8.0~9.0	黄~蓝
酚酞	8.2~10.0	无色~紫红
百里酚酞	9.4~10.6	无色~蓝
茜素红 S(第二变色范围)	10.0~12.0	紫~淡黄
茜素黄 R(第二变色范围)	10.1~12.1	黄~淡紫
孔雀绿(第二变色范围)	11.5~13.2	蓝绿~无色
达旦黄	12.0~13.0	黄~红

表 13　混合酸碱指示剂变色范围

指示剂溶液的组成	变色点 pH 值	颜色变化		备注
		酸色	碱色	
1 份 1g/L 甲基黄乙醇溶液,1 份 1g/L 次甲基蓝乙醇溶液	3.25	蓝紫	绿	pH＝3.2 蓝紫色 pH＝3.4 绿色
4 份 2g/L 溴甲酚绿乙醇溶液,1 份 2g/L 二甲基黄乙醇溶液	3.9	橙	绿	变色点黄色
1 份 2g/L 甲基橙溶液,1 份 2.8g/L 靛蓝(二磺酸)乙醇溶液	4.1	紫	黄绿	调节两者的比例,直至终点敏锐
1 份 1g/L 溴百里酚绿钠盐水溶液,1 份 2g/L 甲基橙水溶液	4.3	黄	蓝绿	pH＝3.5 黄色 pH＝4.0 黄绿色 pH＝4.3 绿色
3 份 1g/L 溴甲酚绿乙醇溶液,1 份 2g/L 甲基红乙醇溶液	5.1	酒红	绿	
1 份 2g/L 甲基红乙醇溶液,1 份 1g/L 次甲基蓝乙醇溶液	5.4	红紫	绿	pH＝5.2 红紫 pH＝5.4 暗蓝 pH＝5.6 绿

续表

指示剂溶液的组成	变色点 pH 值	颜色变化		备注
		酸色	碱色	
1份 1g/L 溴甲酚绿钠盐水溶液,1份 1g/L 氯酚红钠盐水溶液	6.1	黄绿	蓝紫	pH＝5.4 蓝绿 pH＝5.8 蓝 pH＝6.2 蓝紫
1份 1g/L 溴甲酚紫钠盐水溶液,1份 1g/L 溴百里酚蓝钠盐水溶液	6.7	黄	蓝紫	pH＝6.2 黄紫 pH＝6.6 紫 pH＝6.8 蓝紫
1份 1g/L 中性红乙醇溶液,1份 1g/L 次甲基蓝乙醇溶液	7.0	蓝紫	绿	pH＝7.0 蓝紫
1份 1g/L 溴百里酚蓝钠盐水溶液,1份 1g/L 酚红钠盐水溶液	7.5	黄	紫	pH＝7.2 暗绿 pH＝7.4 淡紫 pH＝7.6 深紫
1份 1g/L 甲酚红 50％乙醇溶液,6份 1g/L 百里酚蓝 50％乙醇溶液	8.3	黄	紫	pH＝8.2 玫瑰色 pH＝8.4 紫色变色点微红色

表 14　常用洗液的配制与适用范围

1. 常用洗液配制

名称	化学成分及配置方法	适用范围	说明
铬酸洗液	用 5～10g $K_2Cr_2O_7$ 溶于少量热水中,冷后徐徐加入 100mL 浓硫酸,搅动,得暗红色洗液,冷后注入干燥试剂瓶中盖严备用	有很强的氧化性,能浸洗去绝大多数污物	可反复使用,呈墨绿色时,说明洗液已失效。成本较高有腐蚀性和毒性,使用时不要接触皮肤及衣物。用洗刷法或其他简单方法能洗去的不用此法
碱性高锰酸钾洗液	取 4g 高锰酸钾溶于少量水后,加入 100mL 10％的 NaOH 溶液混匀后装瓶备用。洗液呈紫红色	有强碱性和氧化性,能浸洗去各种油污	洗后若仪器壁上面有褐色二氧化锰,可用盐酸或稀硫酸或亚硫酸钠溶液洗去。可反复使用,直至碱性及紫色消失为止
磷酸钠洗液	取 57g Na_3PO_4 和 28.5g $C_{17}H_{33}COONa$ 溶于 470mL 水	洗涤碳的残留物	将待洗物在洗液中泡若干分钟后涮洗
硝酸-过氧化氢洗液	15％～20％硝酸和 5％过氧化氢混合	浸洗特别顽固的化学污物	贮于棕色瓶中,现用现配,久存易分解
强碱洗液	5％～10％的 NaOH 溶液(或 Na_2CO_3、Na_3PO_4 溶液)	常用以浸洗普通油污	通常需要用热的溶液
	浓 NaOH 溶液	黑色焦油、硫可用加热的浓碱液洗去	
强酸溶液	稀硝酸	用以浸洗铜镜、银镜等	洗银镜后的废液可回收 $AgNO_3$
	稀盐酸	浸洗除去铁锈、二氧化锰、碳酸钙等	
	稀硫酸	浸除铁锈、二氧化锰等	
有机溶剂	苯、二甲苯、丙酮等	用于浸除小件异形仪器,如活栓孔、吸管及滴定管的尖端等	成本高,一般不要使用

2. 其他洗涤液配制

名　称	适 用 范 围
工业浓盐酸	可洗去水垢或某些无机盐沉淀
5%草酸溶液	用数滴硫酸酸化,可洗去高锰酸钾的痕迹
5%～10%磷酸三钠($Na_3PO_4 \cdot 12H_2O$)溶液	可洗涤油污物
30%硝酸溶液	洗涤二氧化碳测定仪及微量滴管
5%～10%乙二胺四乙酸二钠(EDTA-Na_2)溶液	加热煮沸可洗脱玻璃仪器内壁的白色沉淀物
尿素洗涤液	为蛋白质的良好溶剂,适用于洗涤盛过蛋白质制剂及血样的容器
有机溶剂	如丙酮、乙醚、乙醇等可用于洗脱油脂、脂溶性染料污痕等,二甲苯可洗脱油漆的污垢
氢氧化钾的乙醇溶液和含有高锰酸钾的氢氧化钠溶液	这是两种强碱性的洗涤液,对玻璃仪器的侵蚀性很强,可清除容器内壁污垢,洗涤时间不宜过长,使用时应小心慎重

参 考 文 献

[1] 刘云编.洗涤剂——原理·原料·工艺·配方.北京:化学工业出版社,1998.

[2] 张仁里,廖广胜编.洗衣厂洗涤及洗涤剂配制.北京:化学工业出版社,2005.

[3] 赵惠恋编.化妆品与合成洗涤剂检验技术.北京:化学工业出版社,2001.

[4] 张先亮,陈新兰编.精细化学品化学.武汉:武汉大学出版社,1999.

[5] 闫鹏飞等.精细化学品化学.北京:化学工业出版社,2014.

[6] 张嫦,周小菊著.精细化工工艺原理和技术.成都:四川科学技术出版社,2005.

[7] 仓理主编.精细化工工艺.北京:化学工业出版社,1998.

[8] 唐培塑,冯亚青主编.精细有机合成化学——化学.北京:化学工业出版社,2006.

[9] 赵惠恋编.化妆品与合成洗涤剂检验技术.北京:化学工业出版社,2005.

[10] 张天胜编.生物表面活性剂其应用.北京:化学工业出版社,2005.

[11] 王世荣,李祥高,刘东志.表面活性剂化学.北京:化学工业出版社,2010.

[12] 钟振声,章莉娟.表面活性剂在化妆品中的应用.北京:化学工业出版社,2003.

[13] 马占玲主编.精细化学品及其检验.北京:化学工业出版社,2011.

[14] 焦学瞬,张宏忠.表面活性剂分析.北京:化学工业出版社,2009.

[15] 荆忠胜.表面活性剂概论.北京:中国轻工业出版社,1999.

[16] 周学良,刘延栋,刘京等.涂料.北京:化学工业出版社,2002.

[17] 吴可克编著.功能性化妆品.北京:化学工业出版社,2007.

[18] 王建新编著.化妆品天然功能成分.北京:化学工业出版社,2007.

[19] 李丽,王海庆,张晨等.涂料生产与涂装工艺.北京:化学工业出版社,2007.

[20] 环境友好涂料配方制造工艺.北京:中国石化出版社,2006.

[21] 丛树枫等编.聚氨酯涂料.北京:化学工业出版社,2003.

[22] 李和平,葛虹.精细化工工艺学.北京:科学出版社,2014.

[23] 姜英涛.涂料基础.北京:化学工业出版社,2006.

[24] 程时远,李盛彪,黄世强.胶黏剂.北京:化学工业出版社,2001.

[25] 向明,蔡燎原,张季冰.胶黏剂基础与配方设计.北京:化学工业出版社,2002.